《中等职业学校食品类专业"十一五"规划教材》编委会

顾　问　李元瑞　詹耀勇

主　任　高愿军

副主任　吴　坤　张文正　张中义　赵　良　吴祖兴　张春晖

委　员　高愿军　吴　坤　张文正　张中义　赵　良　吴祖兴
　　　　　张春晖　刘延奇　申晓琳　孟宏昌　严佩峰　祝美云
　　　　　刘新有　高　晗　魏新军　张　露　隋继学　张军合
　　　　　崔惠玲　路建峰　南海娟　司俊玲　赵秋波　樊振江

《焙烤食品加工技术》编写人员

主　编　高　晗

副主编　师玉忠　梁茂雨

参编人员　唐雪艳　孟　楠　张小芳　张明霞　赵小惠

中等职业学校食品类专业"十一五"规划教材

焙烤食品加工技术

河南省漯河市食品工业学校组织编写
高　晗　主编
师玉忠　梁茂雨　副主编

化学工业出版社
·北京·

本教材是《中等职业学校食品类专业"十一五"规划教材》中的一个分册。

本教材介绍焙烤食品生产用原辅料、加工工艺与原理、生产中常见质量问题与处理方法、包装与储藏措施、品质保持技术，并介绍了一些焙烤食品的实用配方与加工技术。重点介绍了面包、饼干、蛋糕、月饼、糕点的加工原理与技术，并对不同焙烤食品的加工原理和生产中出现问题的原因与解决问题的方法进行了阐述。

本书适合作为中职食品类专业的教学用书，也可作为食品企业技术人员和技术工人的参考用书。

图书在版编目(CIP)数据

焙烤食品加工技术/高晗主编．—北京：化学工业出版社，2007.7（2022.8重印）

中等职业学校食品类专业"十一五"规划教材

ISBN 978-7-122-00599-1

Ⅰ.焙… Ⅱ.高… Ⅲ.焙烤食品-食品工艺学-专业学校-教材 Ⅳ.TS213.2

中国版本图书馆 CIP 数据核字（2007）第 082785 号

责任编辑：陈　蕾　侯玉周　　　　文字编辑：陈　雨
责任校对：宋　夏　　　　　　　　装帧设计：郑小红

出版发行：化学工业出版社（北京市东城区青年湖南街13号　邮政编码100011）
印　　装：北京印刷集团有限责任公司
720mm×1000mm　1/16　印张 13¼　字数 259 千字　2022 年 8 月北京第 1 版第 9 次印刷

购书咨询：010-64518888　　　　　售后服务：010-64518899
网　　址：http://www.cip.com.cn
凡购买本书，如有缺损质量问题，本社销售中心负责调换。

定　价：30.00 元　　　　　　　　　　　　　　　版权所有　违者必究

序

　　食品工业是关系国计民生的重要工业，也是一个国家、一个民族经济社会发展水平和人民生活质量的重要标志。经过改革开放 20 多年的快速发展，我国食品工业已成为国民经济的重要产业，在经济社会发展中具有举足轻重的地位和作用。

　　现代食品工业是建立在对食品原料、半成品、制成品的化学、物理、生物特性深刻认识的基础上，利用现代先进技术和装备进行加工和制造的现代工业。建设和发展现代食品工业，需要一批具有扎实基础理论和创新能力的研发者，更需要一大批具有良好素质和实践技能的从业者。顺应我国经济社会发展的需求，国务院做出了大力发展职业教育的决定，办好职业教育已成为政府和有识之士的共同愿望及责任。

　　河南省漯河市食品工业学校自 1997 年成立以来，紧紧围绕漯河市建设中国食品名城的战略目标，贴近市场办学、实行定向培养、开展"订单教育"，为区域经济发展培养了一批批实用技能型人才。在多年的办学实践中学校及教师深感一套实用教材的重要性，鉴于此，由学校牵头并组织相关院校一批基础知识厚实、实践能力强的教师编写了这套《中等职业学校食品类专业"十一五"规划教材》。基于适应产业发展，提升培养技能型人才的能力；工学结合、重在技能培养，提高职业教育服务就业的能力；适应企业需求、服务一线，增强职业教育服务企业的技术提升及技术创新能力的共识，经过编者的辛勤努力，此套教材将付梓出版。该套教材的内容反映了食品工业新技术、新工艺、新设备、新产品，并着力突出实用技能教育的特色，兼具科学性、先进性、适用性、实用性，是一套中职食品类专业的好教材，也是食品类专业广大从业人员及院校师生的良师益友。期望该套教材在推进我国食品类专业教育的事业上发挥积极有益的作用。

食品工程学教授、博士生导师　李元瑞

2007 年 4 月

前　言

近年来，随着人们生活水平的不断提高，焙烤食品已成为人们日常生活中不可缺少的食品之一，随着生活节奏的加快，各种烘焙食品的需求不断增加。

焙烤食品工业在食品工业中占有重要地位，其产品直接面向市场，直观反映人民饮食文化水平及生活水平的高低。随着人民的生活水平由温饱进入小康，生活质量将进一步提高，特别是加入世贸组织后，国内市场将进一步开放。这一切都给我国焙烤行业的发展带来了挑战和机遇。我国自改革开放以来，焙烤食品行业得到了较快的发展，产品的门类、花色品种、数量、质量、包装装潢以及生产工艺和设备都有了显著的提高。尤其是近几年来，外国企业都看好中国市场，来华投资猛增，合资、独资企业发展迅速。如饼干、面包等行业，都有逐步增强的势头。

目前，我国的焙烤食品行业基本上形成了独资、合资、国有、民营、私企等多种形式并存的局面。随着中国经济的进一步发展，消费者对焙烤食品的需求也日益呈现出高品位、高质量的要求。由于焙烤食品行业的蓬勃发展，形成了焙烤食品加工实用技能型人才的极度短缺。我国食品专业已有的高校本科及大专毕业生远不能满足和适应形势发展的需要。在这种形势下，许多中等职业学校、高职高专相继开设了焙烤食品加工技术课程。然而，目前国内缺乏适合中等职业学校食品加工专业学生使用的教材。为此，在河南省漯河市食品工业学校的组织下，由化学工业出版社出版发行了《中等职业学校食品类专业"十一五"规划教材》。本书作为该系列教材之一，可作为中等职业学校食品类专业的教学用书，也可作为食品企业技术人员和技术工人参考用书。

本书由河南科技学院高晗主编，负责制订编写大纲和各章节的统稿，河南科技学院师玉忠、河南省漯河市食品工业学校梁茂雨副主编，负责校稿。本书的第一章、第六章由高晗编写；第二章由河南省漯河市食品工业学校孟楠、张小芳编写；第三章由河南省漯河市食品工业学校唐雪艳、高晗编写；第四章由河南省漯河市食品工业学校梁茂雨、师玉忠编写；第五章由师玉忠编写；第七章由临颍县职业教育中心赵小惠、河南科技学院张明霞编写。在本书的编写过程中，得到了化学工业出版社和河南省漯河市食品工业学校的大力支持，在此深表感谢！

由于编者水平有限，不当之处在所难免，恳请读者提出宝贵意见。

编者

2007 年 3 月

目 录

第一章 概述 ·· 1
第一节 焙烤食品的概念和历史 ·· 1
一、焙烤食品的概念及特点 ·· 1
二、焙烤食品的发展历史 ·· 1
第二节 焙烤食品的分类 ·· 2
第三节 我国焙烤食品的现状和发展前景 ···································· 3
一、我国焙烤食品的生产现状 ·· 3
二、我国焙烤食品工业发展动态和趋势 ·· 4
复习题 ·· 5

第二章 焙烤食品原料 ·· 7
第一节 面粉 ·· 7
一、小麦的种类和等级标准 ·· 7
二、小麦和面粉的化学成分 ·· 9
三、面粉的种类和等级标准 ·· 15
四、面粉的工艺性能 ·· 18
五、面粉的储藏 ·· 26
第二节 糖 ·· 27
一、糖的种类及特性 ·· 27
二、糖的作用 ·· 29
第三节 油脂 ·· 31
一、常用油脂的种类 ·· 31
二、油脂的作用 ·· 34
三、油脂的选择 ·· 36
第四节 蛋制品 ·· 37
一、蛋及蛋制品的种类 ·· 37
二、蛋的工艺性能 ·· 38
第五节 乳及乳制品 ·· 40
一、常用乳制品的种类及特性 ·· 40
二、乳制品的作用 ·· 42
三、对乳制品的质量要求 ·· 43
第六节 膨松剂 ·· 43
一、化学膨松剂 ·· 44
二、生物膨松剂 ·· 46

  第七节　食盐…………………………………………………………… 48
   一、食盐的类别和化学成分…………………………………………… 49
   二、食盐的作用………………………………………………………… 49
   三、食盐的用量………………………………………………………… 50
   四、食盐的添加方法…………………………………………………… 50
  第八节　水……………………………………………………………… 50
   一、水的作用…………………………………………………………… 50
   二、水的分类…………………………………………………………… 51
   三、水质对食品品质的影响及处理方法……………………………… 52
   四、食品用水的选择…………………………………………………… 52
  第九节　其他辅料及添加剂…………………………………………… 53
   一、改良剂……………………………………………………………… 53
   二、香料………………………………………………………………… 59
   三、色素………………………………………………………………… 60
  复习题…………………………………………………………………… 62

第三章　饼干生产工艺 …………………………………………… 63

  第一节　概述…………………………………………………………… 63
   一、饼干的概念………………………………………………………… 63
   二、饼干的分类………………………………………………………… 63
  第二节　饼干的生产工艺流程………………………………………… 66
   一、韧性饼干工艺流程………………………………………………… 66
   二、酥性饼干工艺流程………………………………………………… 66
   三、苏打饼干工艺流程………………………………………………… 66
  第三节　饼干的配方…………………………………………………… 68
  第四节　面团调制……………………………………………………… 68
   一、面团形成的基本过程……………………………………………… 69
   二、影响面团形成的主要因素………………………………………… 69
   三、各种面团的调制…………………………………………………… 71
  第五节　饼干成型……………………………………………………… 77
   一、冲印成型…………………………………………………………… 77
   二、辊印成型…………………………………………………………… 79
   三、辊切成型…………………………………………………………… 80
   四、其他成型…………………………………………………………… 80
  第六节　饼干的焙烤、冷却与包装…………………………………… 81
   一、饼干烘烤的基本理论……………………………………………… 81
   二、烘炉内的温度与烘烤时间………………………………………… 84
   三、饼干的冷却与包装………………………………………………… 85

第七节　杂粮饼干的制作实例…………………………………… 88
　　　　一、玉米苏打饼干……………………………………………… 88
　　　　二、牛奶伴侣燕麦饼干………………………………………… 89
　　复习题……………………………………………………………… 91

第四章　面包生产工艺………………………………………… 92
　第一节　概述……………………………………………………… 92
　　一、面包的概念………………………………………………… 92
　　二、面包的分类………………………………………………… 92
　第二节　面包生产工艺流程……………………………………… 94
　第三节　面包配方设计与表示方法……………………………… 94
　　一、主食面包…………………………………………………… 95
　　二、甜面包……………………………………………………… 96
　　三、花式面包…………………………………………………… 96
　第四节　面团的调制……………………………………………… 97
　　一、面团调制的目的…………………………………………… 97
　　二、面团调制过程中的变化…………………………………… 97
　　三、面团调制工艺……………………………………………… 98
　第五节　面团的发酵……………………………………………… 102
　　一、面团发酵的目的…………………………………………… 103
　　二、面团发酵的基本原理……………………………………… 103
　　三、影响面团发酵的因素……………………………………… 104
　　四、面团发酵技术……………………………………………… 106
　　五、面团发酵成熟的判断……………………………………… 107
　第六节　面团的整形与醒发……………………………………… 107
　　一、整形………………………………………………………… 107
　　二、醒发………………………………………………………… 111
　第七节　面包的烘烤、冷却与包装……………………………… 112
　　一、面包的烘烤………………………………………………… 112
　　二、面包的冷却………………………………………………… 114
　　三、面包的包装………………………………………………… 116
　第八节　面包储存技术…………………………………………… 116
　　一、面包老化…………………………………………………… 116
　　二、延缓面包衰老的措施……………………………………… 118
　　三、面包的腐败及预防………………………………………… 119
　第九节　面包生产实例…………………………………………… 120
　　一、主食大面包………………………………………………… 120
　　二、辫子面包…………………………………………………… 121

  三、罗宋面包（梭形面包） ……………………………………………… 122
  四、乳白面包 …………………………………………………………… 123
  五、甜面包 ……………………………………………………………… 123
  六、汉堡包 ……………………………………………………………… 124
  七、奶油面包 …………………………………………………………… 125
  八、花样面包 …………………………………………………………… 126
  九、葡萄干小面包 ……………………………………………………… 126
  十、葱油小面包 ………………………………………………………… 127
  十一、芝麻面包 ………………………………………………………… 128
  十二、吐司面包 ………………………………………………………… 128
  十三、蜂蜜面包圈 ……………………………………………………… 129
  十四、奶油鸡蛋面包 …………………………………………………… 129
  十五、法国面包 ………………………………………………………… 130
  十六、德国面包 ………………………………………………………… 131
  十七、日本调理面包 …………………………………………………… 131
  十八、油炸面包 ………………………………………………………… 132
 复习题 …………………………………………………………………… 133
第五章 蛋糕生产工艺 ……………………………………………………… 134
 第一节 概述 …………………………………………………………… 134
 第二节 普通型蛋糕 …………………………………………………… 136
  一、清蛋糕 ……………………………………………………………… 136
  二、油蛋糕 ……………………………………………………………… 141
 第三节 调理型蛋糕 …………………………………………………… 145
  一、常用馅料和装饰料 ………………………………………………… 145
  二、调理型蛋糕制作实例 ……………………………………………… 149
 复习题 …………………………………………………………………… 151
第六章 月饼生产工艺 ……………………………………………………… 152
 第一节 概述 …………………………………………………………… 152
  一、月饼的特点及分类 ………………………………………………… 152
  二、月饼生产主要原辅材料 …………………………………………… 153
 第二节 月饼生产工艺 ………………………………………………… 154
  一、皮料的调制 ………………………………………………………… 154
  二、馅料的调制 ………………………………………………………… 155
  三、包馅、成型、烘烤 ………………………………………………… 156
  四、卫生指标 …………………………………………………………… 156
 第三节 广式月饼 ……………………………………………………… 157
  一、工艺流程 …………………………………………………………… 158

二、工艺要求 …………………………………………………… 158
　　三、质量要求 …………………………………………………… 160
　第四节　苏式月饼 ………………………………………………… 161
　　一、工艺流程 …………………………………………………… 161
　　二、工艺要求 …………………………………………………… 161
　　三、质量要求 …………………………………………………… 164
　第五节　京式月饼 ………………………………………………… 164
　　一、提浆月饼 …………………………………………………… 165
　　二、自来红月饼 ………………………………………………… 166
　　三、自来白月饼 ………………………………………………… 167
　　四、京式大酥皮月饼类（翻毛月饼）………………………… 168
　第六节　潮式月饼 ………………………………………………… 168
　　一、工艺流程 …………………………………………………… 169
　　二、工艺要求 …………………………………………………… 169
　　三、质量要求 …………………………………………………… 169
　第七节　其他 ……………………………………………………… 170
　　一、冰皮月饼 …………………………………………………… 171
　　二、鸡丝月饼 …………………………………………………… 171
　　三、巧克力月饼 ………………………………………………… 172
　第八节　月饼的质量标准 ………………………………………… 174
　　一、感官评价要求 ……………………………………………… 174
　　二、理化指标 …………………………………………………… 175
　　三、部分地方风味月饼质量标准 ……………………………… 176
　复习题 ……………………………………………………………… 181
第七章　其他糕点生产工艺 ………………………………………… 182
　第一节　酥类糕点加工技术 ……………………………………… 182
　　一、面团调制原理 ……………………………………………… 182
　　二、生产实例 …………………………………………………… 183
　第二节　松酥类糕点加工技术 …………………………………… 184
　　一、面团调制原理 ……………………………………………… 184
　　二、生产实例 …………………………………………………… 184
　第三节　松脆类糕点加工技术 …………………………………… 185
　　一、面团调制原理 ……………………………………………… 185
　　二、生产实例 …………………………………………………… 186
　第四节　酥皮类糕点加工技术 …………………………………… 187
　　一、面团调制原理 ……………………………………………… 187
　　二、生产实例 …………………………………………………… 188

第五节　酥层类糕点加工技术 ······ 189
　一、面团调制原理 ······ 190
　二、生产实例 ······ 190
第六节　松酥皮类糕点加工技术 ······ 191
　一、面团调制原理 ······ 191
　二、生产实例 ······ 191
第七节　水油皮类糕点加工技术 ······ 192
　一、面团调制原理 ······ 192
　二、生产实例 ······ 192
第八节　发酵类糕点加工技术 ······ 193
　一、面团调制原理 ······ 193
　二、生产实例 ······ 193
第九节　派类加工技术 ······ 195
第十节　小西饼加工技术 ······ 196
　一、分类 ······ 196
　二、生产实例 ······ 197
第十一节　米饼加工技术 ······ 198
　复习题 ······ 199
参考文献 ······ 200

第一章 概　　述

焙烤食品在食品工业中占有很重要的地位，其产品直接面向市场，能直观地反映人民饮食文化水平及生活水平的高低。随着人民的生活水平由温饱进入小康，生活质量将进一步提高，特别是加入世贸组织后，市场将进一步开放。这一切都给我国焙烤行业的发展带来了挑战和机遇。

第一节　焙烤食品的概念和历史

一、焙烤食品的概念及特点

焙烤食品是指以谷物为主要原料，采用焙烤加工工艺定型和熟制的一大类食品（焙烤也称为烘烤、烘焙等）。虽然肉、蛋、蔬菜也有类似加热工艺，但这里所指的主原料为谷物，主要是面粉的焙烤加工食品。因此，焙烤食品与面粉有着非常紧密的关系，也是我们生活中最重要的食品之一。焙烤食品除了我们常说的面包、蛋糕、饼干之外，还包括我国的许多传统大众食品，如烙饼、锅盔、点心、馅饼等。焙烤制品一般具有以下特点：

① 所有焙烤制品均应以谷物为基础原料；
② 大多数焙烤制品应以油、糖、蛋等作为主要原料，或用其中1～2种；
③ 所有焙烤制品的成熟或定型均采用焙烤工艺；
④ 焙烤制品应是不需经过调理就能直接食用的食品；
⑤ 所有焙烤制品均应为固态食品。

二、焙烤食品的发展历史

焙烤食品多以面粉为主原料，所以，焙烤食品的生产和发展与小麦栽培的发展有着不可分割的关系。按照人文学的观点，不但把人类的饮食文化当成人类进化的一个重要组成部分，而且还认为人类的饮食文化是从芋文化、杂谷文化、米文化，发展到小麦文化这一淀粉文化层的最高峰的。因而焙烤食品体现了人类饮食文化和科学技术的结晶。焙烤食品是自有史以来即被发现而成为人类的食品的。关于此类记载屡见不鲜，最早可以追溯到金字塔时代。大约6000年前，埃及已有用谷物制作的类似面包的食品。在公元前 1175 年埃及底比斯的宫殿壁画上，考古学家就发现了制作面包的图案。据说这一面包技术后来传到希腊。希腊人在公元前 1000 年就有用大麦粉制作的烙饼，称作"mazai"。公元前 8 世纪他们从埃及学来了发酵面包的方法。随着面包的发展，希腊人在面团里掺了蜂蜜、鸡蛋、奶酪等，蛋糕类也就产生并发展起来。后来面包技术又从希腊传到罗马，据记载，公元前 312 年罗马就有一个 25 人的面包作坊，还办了面包制作学校，罗马的中央广场还有一个大的烤炉，人们和好了面，去那里焙烤。中世纪后，面包制作法传到法国，逐步形成了所谓大陆式的面包。即：面包原料除了面粉外，还有少量的其他谷物粉，除盐外，不用或很少添加糖、蛋、奶、油等辅料，是当时流行于欧洲大陆的面包，也称硬式面包或乡土面包。后来面包技术传到了英国，因为英国畜牧业发达，则在面包中加入牛奶、黄油等。随后英国人把此项技术带到美国，美国人则在面包中加了很多糖、黄油及其他大量辅料，就发展成所谓英美式的面包，即所谓的"软式面包"，这种面包原料比较丰富，成本也较高。饼干是由面包发展而来的，饼干最早出自法语"biscuit"，是把面包片再烤一次的意思，也就是烤面包片。

　　面包、饼干之类对于我国人民似乎是一个新名词，在历史书上记载比较少。据历史推考，我们的先民是利用小麦磨成粉后，掺水制成糊状的面糊，然后放在土窑内烤成薄饼的形状，成品又硬又脆。如今北方的烙饼、锅盔乃是我国特有的焙烤食品。另外，中式点心也算是立于世界众多焙烤食品之林的一大门类。其中，月饼更是驰名中外、深受欢迎的焙烤食品之一。我国糕点制作历史悠久，相传在殷商时代周武王伐纣，派闻太师带兵出征。闻太师深知"兵贵神速"的用兵之道，为了减少埋锅造饭的时间，命令部下做了一种叫"糖烧饼"的干粮，这种糖烧饼就是最早的糕点，这也是我国糕点的起源。后来有的地方曾有供奉闻太师的庙宇，并把闻太师尊为糕点业的鼻祖。

　　值得一提的是：我国蒸炊技术比较发达，汉代以后，面粉制品采用烤制的不多而代之以蒸煮加工，主要有馒头等。古代馒头是有馅的，相当于今天的包子。现在我国北方主食品除馒头之外，还有花卷、窝头等。所以，广义地讲也应算作焙烤食品。因为除熟制工艺外，其他加工的基本操作都很相似。因此，焙烤食品加工工艺知识也是研究我国传统蒸制、烙制谷类食品的基础。

第二节　焙烤食品的分类

　　目前，焙烤食品已发展成为种类繁多、丰富多彩的食品。例如：仅日本横滨的一个面包工厂生产的面包就有 600 种之多。因而，分类也是非常复杂的。通常有根据原料的配比、制法、制品的特性、产地等各种分类方法。这里介绍按发酵和膨化程度的分类。

(1) 用培养酵母或野生酵母使之膨化的制品　包括面包、苏打饼干、烧饼等。

(2) 用化学方法膨松的制品　这里指各种蛋糕、炸面包圈、饼干等，它们由化学膨松剂产生的二氧化碳等气体使制品膨化。

(3) 利用空气进行膨化的制品　天使蛋糕、海绵蛋糕等不用化学膨松剂的食品。

(4) 利用水分气化进行膨化的制品　主要指一些类似膨化食品的小吃，它不用发酵也不用化学膨松剂。

另外，还有按生产地域分类、产业特点分类等分类方法。按照生产工艺特点分类有如下一些种类：

(1) 面包类　包括听形面包、硬式面包、软式面包、主食面包、果子面包等。

(2) 松饼类　包括牛角可松、丹麦式松饼、派类及我国的千层油饼等。

(3) 蛋糕类　包括普通蛋糕、生日蛋糕、婚礼蛋糕、圣诞节蛋糕等。

(4) 饼干类　包括酥性饼干、韧性饼干、发酵饼干、曲奇饼等。

(5) 点心类　包括核桃酥、杏仁酥、金钱饼、京八件等。

由此可见，焙烤食品种类不但非常多，而且不断发展变化。由于篇幅的原因，本书主要介绍面包和饼干以及蛋糕和月饼等的加工工艺。

第三节　我国焙烤食品的现状和发展前景

一、我国焙烤食品的生产现状

我国自改革开放以来，焙烤食品行业得到了较快的发展，产品的门类、花色品种、数量、质量、包装装潢以及生产工艺和设备都有了显著的提高。尤其是近几年来，外国企业都看好中国市场，来华投资猛增，合资、独资企业发展迅速。如饼干、巧克力、方便面、面包等行业，都有逐步增强的势头。

目前我国的焙烤食品行业基本上形成了独资、合资、国有、民营、私企等多种形式并存的局面。从发展趋势看，还有逐步增强的势头，各类焙烤产品均有其销售市场和消费群体。随着中国经济的进一步发展，消费者对焙烤食品的需求也日益呈现出高品位、高质量的要求，这对焙烤行业中的企业提出了更高的要求。从2000年到2004年，焙烤食品行业几年间产量平均年递增18.8%，销售收入平均年递增18.8%。2004年，根据国家统计局对其中917家企业的统计结果，焙烤食品产量达415.9万吨，产品销售收入为692.3亿元，全年利润总额22.5亿元，税金总额26.7亿元，比2003年实际分别增长18.38%、21.8%、9.33%和15%。2005年，国家继续实行支持三农的政策，这对焙烤食品生产所需的原辅材料的供应是有力的保障。农民收入的增加,城镇化率的提升,城镇居民小康生活水平的提高,为增加焙烤食品的消费提供了更大的空间。2006年焙烤食品糖制品的增幅保持在7%~8%。

从市场上可以看到,焙烤食品行业得到了较快的发展,在满足了国内百姓消费需要的同时,还有部分产品出口,进入国际市场运营的大循环,体现了行业发展的国际化。但行业发展中也存在着诸多方面的不均衡,如行业主要产区多集中在东、南部经济发达地区;重点消费人群多集中在大中城市;行业的骨干企业和技术优势也多集中在大城市等。占全国人口70%以上的农村人口的需求还远未满足,这部分消费市场需要进一步开发。

二、我国焙烤食品工业发展动态和趋势

现在,无论是西方还是东方,焙烤食品都成了不可或缺的食品,尤其是早餐食品、午餐方便食品等。随着生活节奏的加快,各种焙烤食品的需求不断增加。因此,讨论和重视焙烤食品的发展趋势是直接关系到人们健康的重要课题。

(一) 安全、卫生是最基本的发展趋势

21世纪食品发展趋势是天然、营养、保健、安全、卫生。人们始终把健康放在第一位,因为有了健康,就拥有了一切。随着人们生活水平的提高,对食品的要求越来越高,如营养食品、保健食品、功能食品、绿色食品等,已成为食品消费市场的热点。崇尚自然、回归自然已成为世界性的不可抗拒的潮流。焙烤食品也必须以安全、卫生为最基本的发展趋势。在焙烤食品中,面包、饼干等食品都已成为人们的主餐食品之一,尤其是上班族的青年人,由于生活节奏加快,他们是主要的消费群体,因此安全、卫生是最基本的,必须保证。

(二) 注意营养价值和营养平衡

未来焙烤食品的发展应适合人们对营养的追求。根据最近的调查资料,全球营养、保健食品的开发趋势如下:北美约占60%左右、欧洲约占49%~50%、亚太地区约占30%,主要是无脂、低脂食品,其次是低热、无糖、低糖食品。生产营养丰富和各种营养成分的比例关系符合人体需要模式的营养平衡食品是食品企业的根本目的,也是焙烤食品开发的根本趋势。未来焙烤食品配料必须达到营养成分丰富和各种营养成分比例关系平衡,以保证人们健康为目的。改变长期以来过分追求"色、香、味、形"的饮食习惯。

(三) 全谷物焙烤食品的开发

谷物食品已成为当今国际上的主流食品,在美国,早餐谷物食品年销售额达100亿美元;日本早餐谷物食品年销售额突破1000亿日元。据专家预测,中国谷物早餐食品每年将达到100亿元人民币。

(四) 功能性焙烤食品配料发展迅速

功能食品配料为食品工业发展的一个趋势，也是功能性焙烤食品配料的一个发展趋势。在功能性食品发展上，日本处于领先地位，2003年达117亿美元，美国第二为105亿美元，英国为28亿美元，德国为28亿美元，意大利为15亿美元。在功能性焙烤食品配料方面有膳食纤维、低聚糖、糖醇、大豆蛋白、功能性脂类、植物活性成分、活性肽、维生素和矿物元素等。

(五) 低能量、无糖焙烤食品的开发

目前，低能量、无糖食品引起了广泛的关注，并且逐渐成为流行饮食时尚。低能量、无糖焙烤食品配料主要以功能性低聚糖和功能性糖醇取代蔗糖，由于功能性低聚糖和功能性糖醇具有特殊功能特性，既解决了糖尿病患者难品甜味之苦，又不会引起血糖与胰岛素水平大幅度波动，适合糖尿病病人和肥胖人群食用。糖醇不是口腔微生物的适宜发酵底物，不会引起牙齿龋坏，有利于保护儿童的牙齿健康。因其甜度适宜、口感清爽、低热量，也适宜所有健康人群食用。另外用无糖焙烤甜味改良剂制作的无糖食品弥补了以传统工艺制作无糖食品所造成的"面包像馒头、月饼像砖头、蛋糕像发糕"等缺陷，在"色、香、味、形"上均有大幅度提高。

此外，在低能量焙烤食品配料中油脂可使用油脂替代品，如葡聚糖是其中之一，在低能量蛋糕、低能量饼干中有较多应用。使用油脂替代品代替传统油脂将是焙烤食品的未来发展趋势。

(六) 焙烤食品创新多元化

焙烤食品创新迈向多元化，并与糖果、冰激凌类等产品结合，形成一系列的全新产品。在产品的创新中，质量起着相当重要的作用。

最近在一份巧克力重度消费者生活形态的考察中发现，这部分消费者对于"时尚"、"品质"、"身份"和"健康"的追求较为强烈。市场的需求是我们的产品开发方向。

随着人们生活水平的不断提高，以往的传统生活方式、饮食习惯也在不断改变。焙烤食品加工业应对我国的家务劳动社会化、饮食结构合理化、食品炊事工业化和现代化发挥更大的作用。我们学习焙烤食品加工技术这门科学，在这个意义上讲，也是学习现代化知识的一个重要方面。教学计划中我们虽然主要学习面包、饼干、月饼等焙烤技术，但是基本理论和原理也适合于其他焙烤食品，甚至也对其他面类食品（如馒头等）的加工有指导意义。

复 习 题

1. 焙烤食品的概念是什么？
2. 焙烤食品分为哪些种类？

3. 简述焙烤食品的特点。
4. 简述焙烤食品的发展历史。
5. 目前,我国焙烤食品的生产现状如何?
6. 论述焙烤食品工业发展动态和趋势。

第二章 焙烤食品原料

第一节 面　　粉

面粉是生产面包、糕点、饼干等焙烤食品的主要原料,是由小麦磨制加工而成的。不同的焙烤食品对面粉的性能和质量有不同的要求,而面粉的性能和质量又取决于小麦的种类、品质和制粉方法。因此要研究面粉对焙烤工艺和食品质量的影响,首先必须研究小麦的种类、等级、籽粒结构、成分及其与面粉性能和质量的关系。

一、小麦的种类和等级标准

小麦是世界各国的主要粮食作物,它的总产量约占世界粮食总产量的25%。小麦也是我国的主要粮食作物,约占全国粮食总产量的23%,仅低于稻谷,居第二位。

(一) 小麦的种类

小麦主要分两类,一类是普通小麦,另一类是专用小麦。其中最重要的是普通小麦,其产量占小麦总产量的92%以上。小麦可按播种季节、皮色、粒质进行分类。

1. 按小麦播种季节分类

按播种季节可以将小麦分为春小麦和冬小麦。春小麦是春季播种,夏末收获。冬小麦是秋季播种,初夏成熟。春小麦颗粒长而大,皮厚色泽深,蛋白质含量高,但筋力较差,出粉率低,吸水率高;冬小麦颗粒小,吸水率低,蛋白质含量较春小麦少,但筋力较强。根据气候条件,我国小麦被划分为三大自然区,即北方冬麦区(主要包括河南、山东、河北、陕西)、南方冬麦区(主要是江苏、安徽、四川、湖北)和春麦区(主要是黑龙江、新疆、甘肃)。一般来说,北方冬小麦蛋白质含量较高,质量较好;其次是春小麦;而南方冬小麦蛋白质和面筋质量较低,我国主要以冬小麦为主。

2. 按小麦皮色分类

按皮色可将小麦分为白皮小麦和红皮小麦两种。白皮小麦呈黄白色或乳白色,皮薄，胚乳含量多，出粉率较高，但筋力较差；红皮小麦皮色较深，呈红褐色，皮厚，胚乳含量少，出粉率较低，但筋力较强。

3. 按小麦粒质分类

按小麦粒质分为硬质小麦（硬麦）和软质小麦（软麦）两种。将麦粒横向切开，观察其断面，胚乳结构紧密，呈半透明状（玻璃质）的为硬质小麦，其蛋白质含量较高，面筋筋力较强；若胚乳结构膨松，呈石膏状的为软质小麦，软质小麦蛋白质含量较低，面筋筋力较弱。硬麦磨制成的面粉适合于生产面包，而软麦磨制成的面粉则适合于生产糕点和饼干。

根据小麦的播种季节、皮色、粒质我国现行的国家标准将小麦分为以下九类：

① 白色硬质冬小麦：种皮为白色或黄白色的麦粒不低于90%，角质率不低于70%的冬小麦。

② 白色硬质春小麦：种皮为白色或黄白色的麦粒不低于90%，角质率不低于70%的春小麦。

③ 白色软质冬小麦：种皮为白色或黄白色的麦粒不低于90%，粉质率不低于70%的冬小麦。

④ 白色软质春小麦：种皮为白色或黄白色的麦粒不低于90%，粉质率不低于70%的春小麦。

⑤ 红色硬质冬小麦：种皮为深红色或红褐色的麦粒不低于90%，角质率不低于70%的冬小麦。

⑥ 红色硬质春小麦：种皮为深红色或红褐色的麦粒不低于90%，角质率不低于70%的春小麦。

⑦ 红色软质冬小麦：种皮为深红色或红褐色的麦粒不低于90%，粉质率不低于70%的冬小麦。

⑧ 红色软质春小麦：种皮为深红色或红褐色的麦粒不低于90%，粉质率不低于70%的春小麦。

⑨ 其他类型小麦的分类方法另行规定。

各等小麦中赤霉病粒最大允许含量为4%。

（二）小麦的等级

按照GB 1351—1999标准，各类小麦按容重分为五等，低于五等的小麦为等外小麦。等级指标及其他质量指标见表2-1。

美国小麦等级标准：美国小麦标准将小麦分为7类：硬红春小麦、硬红冬小麦、软红冬小麦、白小麦、未清理小麦、混合小麦和杜伦小麦。

美国小麦分5个等级，所有种类的小麦都按这个等级标准分等，每项等级标准是固定不能随意更改的。等级项目包括：容重、损坏麦粒、夹杂物、皱缩及破损粒、异类小麦、其他小麦等。美国小麦等级标准见表2-2。

表 2-1 小麦质量国家标准

等级	容重/(g/L)	不完善粒/%	杂质/%		水分/%	色泽、气味
			质量	其中矿物质		
1	≥770	≤6.0	≤1.0	≤0.5	≤12.5	正常
2	≥750	≤6.0				
3	≥730	≤6.0				
4	≥710	≤3.0				
5	≥690	≤10.0				

注：水分含量大于表中规定的小麦收购，按国家有关规定执行。

表 2-2 美国小麦的等级标准

等级	容重/(磅/蒲式耳)			最大限额/%			
	硬红春小麦	白色密穗小麦	所在其他小麦	热伤粒	损伤粒（总计）	杂质	皱缩粒和破损粒
1	58		60	0.2	2.0	0.5	3.0
2	57		58	0.2	4.0	1.0	5.0
3	55		56	0.5	7.0	2.0	8.0
4	53		54	1.0	10.0	3.0	12.0
5	50		51	3.0	15.0	5.0	20.0

注：1 磅/蒲式耳=12.872g/L。

水分对小麦储藏的稳定性和出粉率都具有很大的影响。因此，各种小麦均规定了最高水分限量。例如，当水分超过 13.5% 时（硬红春小麦的含水量在 14.5%～16.0% 时），小麦的外包装袋上标以"韧"字。小麦中含有黑穗病粒和谷象虫蚀粒超过一定限度的，则列为特别差的等级。

二、小麦和面粉的化学成分

小麦和面粉的化学成分不仅决定其营养价值，而且对工艺性能也有很大的影响。小麦和面粉的化学成分主要有水、蛋白质、糖类、脂肪和矿物质，此外还有少量的维生素和酶类。由于产地、品种和加工条件的不同，上述成分含量有较大差别，一般含量如表 2-3 所示。

表 2-3 小麦面粉主要化学成分含量　　　　　（质量分数，%）

品种	水分	蛋白质	脂肪	糖类	灰分	其他
标准粉	11～13	10～13	1.8～2	70～72	1.1～1.3	少量维生素和酶
精白粉	11～13	9～12	1.2～1.4	73～75	0.5～0.75	

（一）水分

小麦在收获时水分含量约为 16%，经过晒扬，一般在磨粉时只含 13% 左右。

面粉中的水分含量对面粉加工和食品加工都有很大影响，水分含量过高，会使麸皮难以剥落，影响出粉率，且面粉在储存时容易结块和发霉变质，严重的会造成产品得率下降，但水分含量过低，会导致面粉粉色差，颗粒粗，含麸量高等缺点。所以面粉的水分含量对生产来说是很重要的，国家标准规定了面粉的含水量，特制一等粉、特制二等粉、标准粉和普通粉均为 $(13.0±0.5)\%$，低筋面粉和高筋面粉则不大于 14.0%。

（二）蛋白质

小麦籽粒中蛋白质的含量不仅决定小麦的营养价值，而且小麦蛋白质还是构成面筋的主要成分，因此它与面粉的烘烤性能有着极为密切的关系。在各种谷物面粉中，只有面粉中的蛋白质能吸水形成面筋。面筋富有弹性和延伸性，具有保持面粉发酵时所产生的 CO_2 的作用，使烘烤的面包多孔、松软。

小麦和面粉中蛋白质含量随小麦类型、品种、产地和面粉的等级而异。一般来说，蛋白质含量越高的小麦质量越好。目前，不少国家都把蛋白质含量作为划分面粉等级的重要指标。

我国小麦的蛋白质含量（干基）最低为 9.9%，最高为 17.6%，大部分在 $12\%\sim14\%$ 之间。与世界上一些主要产麦国的冬小麦相比，我国冬小麦蛋白质含量属中等水平。而我国春小麦蛋白质含量平均为 13.7%，低于世界主要产麦国的春小麦。

蛋白质在籽粒中的分布是不均匀的，胚部蛋白质含量最高为 30.4%，糊粉层蛋白质含量也高达 18.0%。由于糊粉层和胚部蛋白质含量均高于胚乳，因而出粉率高、精度低的面粉其蛋白质含量一般高于出粉率低而精度高的面粉。

1. 小麦蛋白质的种类

小麦蛋白质可分为面筋性蛋白质和非面筋性蛋白质两类，根据其溶解性质还可分为麦胶蛋白、球蛋白、清蛋白和酸溶蛋白，见表2-4。

表 2-4　小麦的蛋白质种类及含量

类别	面筋性蛋白质		非面筋性蛋白质		
名称	麦胶蛋白	麦谷蛋白	球蛋白	清蛋白	酸溶蛋白
含量/%	40～50	40～50	5.0	2.5	2.5
提取方法	70%乙醇	稀酸、稀碱	稀盐溶液	稀盐溶液	水

由表 2-4 中可知，面粉的蛋白质主要是面筋性蛋白质，其中麦胶蛋白和麦谷蛋白约占 80% 以上，它对面团的性能及生产工艺有着重要影响，而非面筋性蛋白质只占 10%，与生产工艺关系不大。

麦胶蛋白质又称麸蛋白，由 α-麦胶蛋白和 β-麦胶蛋白组成。α-麦胶蛋白是醇溶性的，β-麦胶蛋白则在 70% 乙醇溶液中溶解。麦胶蛋白达最大胀润值时的温度是

30℃，若温度偏低或偏高，都将使胀润值下降。麦胶蛋白具有良好的延伸性，但缺乏弹性。

麦谷蛋白又称谷蛋白、小麦蛋白，不溶于水和其他中性溶液，但能溶于稀酸或稀碱溶液，在热的稀乙醇中可以稍稍溶解，遇热易变性。小麦蛋白质在pH值为6～8的溶液中，其溶解度、黏度、渗透压、膨胀性能等物理指标都变小。麦谷蛋白富有弹性，但缺乏延伸性。

2. 蛋白质胶体

蛋白质是两性电解质，具有胶体的一般性质。其水溶液称为胶体溶液或溶胶。在一定条件下，当溶胶浓度增大或温度降低时，溶胶失去流动性而呈软胶状态，即蛋白质的胶凝作用，所形成的软胶叫凝胶，凝胶进一步失水就成为干凝胶，面粉中的蛋白即属于干凝胶。

干凝胶能吸水膨胀成凝胶，若能继续吸水则形成溶胶，这时称为无限膨胀；若不能继续吸水形成溶胶，就称为有限膨胀。蛋白质吸水膨胀称为胀润作用，蛋白质脱水称为离浆作用，这两种作用对面团调制有着重要意义。

蛋白质分子是一种链状结构。分子中主链是由氨基酸缩合而成的肽键连接的，此外还有很多侧链，主链一边是亲水基团，如—OH、—COOH、—NH$_2$等，另一边是疏水基团，如—CH$_3$、—C$_2$H$_6$等。当蛋白质遇水相溶时，疏水基团一侧斥水收缩，而亲水基团一侧则吸水膨胀，这样蛋白质分子就弯曲成为螺旋形的球状"小卷"，其核心部分是疏水基团，亲水基团分布在球体外围。其形式如图2-1所示。

当蛋白质胶体遇水时，水分子首先与蛋白质外围的亲水基团发生水化作用，形成湿面筋。这种水化作用先在表面进行，而后在内部展开。在表面作用阶段，水分子附着在面团表面，吸

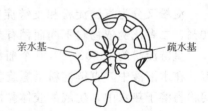

图2-1 蛋白质螺旋球状"小卷"结构图

水量较少，体积增加不大，是放热反应。当水分子逐渐扩散至蛋白质分子内部时，蛋白质胶粒内部小分子的可溶部分溶解后使浓度增加，形成一定的渗透压，使胶粒吸水量大增，面团体积增大，黏度提高，反应不放热。

蛋白质的结构和吸水过程在面团调制过程中具有重要意义。蛋白质受热或在酸、碱、重金属离子及紫外线等因素影响下皆能变性，蛋白质变性后，吸水能力减退，膨胀性能降低，溶解度变小，面团的弹性和延伸性消失，面团的工艺性能受到严重影响。

调制面团时，一旦面粉遇水，面筋性蛋白质迅速吸水胀润，在条件适宜的情况下，面筋吸水量为干蛋白的180%～200%，而淀粉吸水量在30℃时仅为30%。面筋性蛋白质的胀润结果是在面团中形成坚实的面筋网络，在网络中包括有胀润性差的淀粉粒及其他非溶解性物质，这种网状结构即所谓面团中的湿面筋，它和所有胶

体物质一样，具有黏性、延伸性等特性。

蛋白质变性对面包烘烤有重要影响。水是蛋白质胶体的重要组成成分，它可以填充分子链间的空隙使蛋白质稳定。一方面，加热使天然蛋白质分子中的水分失去而变性；另一方面，由于加热使分子碰撞机会增加，破坏了分子的排列方式而导致变性。蛋白质变性的程度取决于加热温度、加热时间和蛋白质的含水量，加热温度越高，变性越快、越强烈。

面粉蛋白质变性后，失去吸水能力，膨胀力减退，溶解度变小；面团的弹性和延伸性消失，面团的工艺性能受到严重影响。

（三）糖类

糖类是面粉中含量最高的化学成分，约占面粉质量的75%。它主要包括淀粉、糊精、可溶性糖和纤维素。

1. 淀粉

小麦淀粉主要集中在麦粒的胚乳部分，约占面粉量的67%，是构成面粉的主要成分。淀粉属于多糖类，是由200～600个葡萄糖单位组成的。

小麦淀粉颗粒与其他谷类淀粉一样为圆形或椭圆形，平均直径为20～22μm。由于淀粉的吸水率仅为蛋白质的1/5，因此在面团调制中能起到调节面筋润度的作用。

淀粉又分为直链淀粉和支链淀粉两类，一般支链淀粉约占80%，直链淀粉占20%，二者比例依物料不同而稍有差异。

直链淀粉约由200～1000个葡萄糖单位组成。相对分子质量较小约为1万～20万。在水溶液中，直链淀粉呈螺旋状，每6～8个葡萄糖单位形成一圈螺旋。直链淀粉易溶于热水中，生成的胶体黏性不大，也不易凝固。

支链淀粉由600～6000个葡萄糖单位组成，相对分子质量很大，一般在100万以上，有的可高达600万。支链淀粉呈树枝状，遇碘变红紫色。支链淀粉需在加热条件下才溶于水中，生成的胶体溶液黏性很大。因此，支链淀粉比例大的谷物，其面粉黏性也大。

淀粉是不溶于冷水的，当淀粉微粒与水一起加热时，淀粉吸水膨胀，其体积可增大近百倍，淀粉微粒由于膨胀而破裂，在热水中形成糊状物，这种现象称为糊化作用，这时的温度称为糊化温度。小麦淀粉在50℃以上才开始膨胀，大量吸收水分，在65℃时开始糊化，到67.5℃时糊化终了。因此在调制面包面团和一般酥性面包时，面团温度以30℃为宜，此时淀粉吸水率较低，大约可吸收30%的水分。调制韧性面团时，常采用热糖浆烫面，以使淀粉糊化，使面团的吸水量较平常更高，面团弹性降低，使成品表面光滑。

面粉中破损的淀粉颗粒在酶或酸的作用下，可水解为糊精、麦芽糖、葡萄糖等，易于被酵母发酵时利用而产生充分的CO_2，使产品形成无数孔隙。但是面粉中破损的淀粉颗粒不宜过多，否则烘烤的面包体积小，质量差。淀粉损伤的允许程度与面粉蛋白质含量有关，最佳淀粉损伤程度在 4.5%～8%的范围内，具体要根据面粉蛋白质含量来确定。

2. 可溶性糖

面粉中的糖包括葡萄糖和麦芽糖，约占碳水化合物的 10%，主要分布于麦粒外部和胚芽内部，胚乳中则较少。面粉中的可溶性糖对生产苏打饼干和面包来说，既有利于酵母的生长繁殖，又是形成面包色、香、味的基质。面粉中还含有少量的糊精，它是在大小和组成上都介于糖和淀粉之间的碳水化合物，面粉的糊精含量为 0.1%～0.2%。

糖在小麦籽粒各部分的分布不均匀。胚部含糖 2.96%，皮层和胚乳外层含糖 2.58%，而胚乳中含糖量最低，仅 0.88%。因此，出粉率越高，面粉含糖量越高。反之，出粉率越低，面粉含糖量越低。

3. 纤维素

面粉中的纤维素主要来源于种皮、果皮及胚，是不溶性碳水化合物。面粉中纤维素含量较少，特制粉约为 0.2%。标准粉为 0.6%。若面粉中麸皮含量过多，会影响焙烤食品的外观和口感，且不易被人体消化吸收。但面粉中含有一定数量的纤维素有利于人体胃肠的蠕动，可促进对其他营养成分的消化吸收。

（四）脂肪

面粉中脂肪含量甚少，通常为 1%～2%，主要存在于小麦粒的胚及糊粉层。小麦脂肪是由不饱和程度较高的脂肪酸组成的，因为面粉及其产品的储藏与脂肪含量有很大关系。即使是无油饼干，若保存不当，也很容易酸败。所以制粉时要尽可能除去脂质含量高的胚和麸皮，以减少面粉中脂肪含量，使面粉的安全储藏期延长。这样，在储藏期中不易发生陈宿味及苦味，酸度也不会增加，可以通过测定面粉中脂肪的酸度或碘价来判断面粉的陈化程度。但面粉所含的微量脂肪与改变面粉筋力方面有着密切的关系。面粉在储藏过程中，脂肪受脂肪酶的作用产生的不饱和脂肪酸可使面筋弹性增大，延伸性及流散性变小，可使弱力面粉变成中等面粉。除了不饱和脂肪酸产生的作用外，还与蛋白质分解酶的活化剂——巯基（—SH）化合物被氧化有关。但陈粉比新粉筋力好，胀润值大，这点与脂肪酶的作用有关。

（五）矿物质

面粉中的矿物含量是用灰分来表示的。面粉中灰分含量的高低，是评定面粉品级优劣的重要指标，麦粒中的灰分主要存在于糊粉层中，在胚、胚乳中较少，表皮、种皮中更少。小麦籽粒的灰分（干基）约为 1.5%～2.2%。在磨粉过程中，糊粉层常伴随麸皮存在于面粉中，故面粉中灰分随出粉率的高低而变化。出粉率与灰分的关系如图 2-2 所示。

从图中曲线可以看出，当出粉率达到 70% 以上时，灰分上长的梯度逐渐增大。面粉中的矿物质有钙、钠、钾、镁及铁等，大多数以硅酸盐和磷酸盐的形式存在，

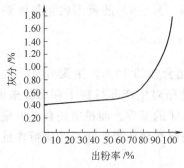

图 2-2 出粉率与灰分的关系图

其中铁盐的存在对饼干保存最不利。因出粉率高的面粉其保存稳定性略低于精白粉,因此,我国国家标准把灰分作为检验面粉质量标准的重要指标之一,特制一等粉灰分(以干物质计)不得超过 0.70%,特制二等粉灰分应低于 0.85%,标准粉灰分低于 1.10%,普通粉灰分低于 1.40%。

(六) 维生素

面粉中维生素含量较少,不含维生素 D,一般缺乏维生素 C,维生素 A 的含量也较少,维生素 B_1、维生素 B_2、维生素 B_5 及维生素 E 含量略多一些。小麦面粉中维生素含量见表 2-5。

表 2-5 小麦面粉的维生素含量 (单位:mg/100g 干物质)

维生素	小 麦	面 粉	维生素	小 麦	面 粉
维生素 B_1	0.040	0.104	泛酸	1.37	0.59
维生素 B_2	0.16	0.035	维生素 B	0.049	0.011
烟酸	6.95	1.38	肌醇	370.0	47.0
维生素 H	0.016	0.0021	对氨基苯甲酸	0.51	0.05
胆碱	216.0	208.0			

通过表 2-5 小麦和面粉维生素含量的比较可以看出,在制粉过程中维生素显著减少。因此出粉率高、精度低的面粉维生素含量高于出粉率低、精度高的面粉。低等粉、麸皮和胚芽的维生素含量最高。此外,在食品烘烤过程中因高温也使面粉维生素受到部分破坏。为了弥补面粉中维生素的不足,生产中可采用添加维生素来强化面粉和焙烤食品的营养。

(七) 酶

面粉中含有一定量的酶类,主要有淀粉酶、蛋白酶、脂肪酶等。不论是对面粉的储藏还是饼干、面包的生产,这些酶类都产生一定的作用。例如面团发酵时,淀粉酶可将淀粉分解成单糖供酵解生长繁殖,促进发酵作用;蛋白酶在一定条件下可将蛋白质分解成氨基酸,提高制品的色、香、味;而脂肪酶可将脂肪分解成脂肪酸,使脂肪酸败,影响产品质量。

1. 淀粉酶

淀粉酶可分为 α-淀粉酶和 β-淀粉酶两种。α-淀粉酶只能水解淀粉分子的 α-1,4 糖苷键,而 β-淀粉酶只能水解淀粉分子中的 β-1,4 糖苷键。在正常的小麦中只含有 β-淀粉酶,当小麦发芽以后,则含有 α-淀粉酶。α-淀粉酶和 β-淀粉酶均可使淀粉水解成麦芽糖和葡萄糖。β-淀粉酶比较耐酸,α-淀粉酶比较耐热,从试验中可知,加热到 70℃维持 15min,β-淀粉酶失去活力,而对 α-淀粉酶没有多大影响;在 pH 值为 3.3，温度为 0℃ 的溶液中 15min，α-淀粉酶失去活力，而对 β-淀粉酶的作用甚微。在 pH 值为 5.9 的发酵团中，α-淀粉酶最适温度是 70～74℃，当温度达到 97～98℃ 时，α-淀粉酶仍能保持一定的活力；在同一酸度条件下，β-淀粉酶的最适温度是 62～64℃，当温度上升到 82～84℃，则完全失去活力。

由于 β-淀粉酶热稳定性较差，因此它只能在面团发酵阶段起水解作用。而 α-淀粉酶的耐热性能较强，在面包入炉烘烤后，仍在继续进行水解作用。淀粉的糊化温度一般为 56～60℃，当面包烘烤至淀粉糊化后，α-淀粉酶的水解作用对提高面包的质量起很大作用。

在面粉中加入一定剂量的 α-淀粉酶制剂或加入约占面粉量 0.2%～0.4% 的麦芽粉和含有淀粉酶的糖浆，可以改善面包的质量、皮色、风味、结构，使面包体积增大，组织松软，便于切片。

2. 蛋白酶

面粉中的蛋白酶属于木瓜酶型，含量较少。蛋白酶最适 pH 值为 4.1，一般情况下处于不活动状态，但当面粉中存在半胱氨酸、谷胱甘肽等活化剂时，它会水解面筋蛋白质，使面团变得极为黏稠。此类现象往往会在被虫害感染的面粉中出现。

使用面筋过强的面粉制作面包时，可加入适量的蛋白酶制剂，以降低面筋的强度，有助于面筋完全扩展，并缩短搅拌时间。蛋白酶制剂的用量必须严格控制，而且它仅适用于快速法生产面包。

3. 脂肪酶

脂肪酶是一种对脂肪起水解作用的水解酶，其最适 pH 值为 7.5，最适温度为 30～40℃。在面粉储藏期间能将脂肪水解，使游离脂肪酸的数量增加，面粉酸败，从而降低面粉的焙烤性能。小麦内的脂肪酶活力主要集中在糊粉层，胚乳部分的脂肪酶活力仅占麦粒总脂肪酶活力的 5%。因此，精制的上等粉比含糊粉层多的低级粉储藏稳定性高。用低等粉制作的面包，在高温下储藏易酸败变质。

三、面粉的种类和等级标准

各国面粉的种类和等级标准一般都是根据本国人民生活的水平和食品工业发展的需要来制定的。

（一）我国小麦面粉种类和等级标准

我国现行的面粉等级标准主要是按加工精度来划分等级。小麦粉国家标准（GB 1355—2005）中将小麦粉共分为 4 类：强中筋小麦粉、中筋小麦粉、强筋小麦粉和弱筋小麦粉。其质量指标应符合表 2-6 和表 2-7 的要求。

评定面粉质量的指标除加工精度外，还包括灰分、粗细度、面筋质、含沙量、磁性金属含量、水分、脂肪酸值、气味、口味等项目。灰分和粉色主要是反映面粉的精度，即面粉含麸屑的多少；含沙量和磁性金属含量是反映外来无机杂质的含量

表 2-6 强中筋小麦粉、中筋小麦粉质量指标 GB 1355—2005

名称		强中筋小麦粉				中筋小麦粉			
项目		一级	二级	三级	四级	一级	二级	三级	四级
灰分(干基)/%	≤	0.55	0.70	0.85	1.10	0.55	0.70	0.85	1.10
面筋量(14%水分)/%		≥28.0				≥24.0			
面筋指数		≥60				—			
稳定时间/min		≥4.5				≥2.5			
降落数值/s		≥200				≥200			
加工精度		按实物标样				按实物标样			
粗细度		CB30 全通过,CB36 留存≤10%				CB30 全通过,CB36 留存≤10%			
含沙量/%		≤0.02				≤0.02			
磁性金属物/(g/kg)		≤0.003				≤0.003			
水分/%		≤14.5				≤14.5			
脂肪酸值(以干物计)/(mgKOH/100g)		≤50				≤50			
气味、口味		正常				正常			

注：表中划有"—"的项目不检验。

表 2-7 强筋小麦粉、弱筋小麦粉质量指标 GB 1355—2005

名称		强筋小麦粉			弱筋小麦粉		
项目		一级	二级	三级	一级	二级	三级
灰分(干基)/%	≤	0.60	0.70	0.85	0.55	0.65	0.75
面筋量(14%水分)/%		≥32.0			＜24.0		
面筋指数		≥70			—		
蛋白质(干基)/%		≥12.2			≤10.0		
稳定时间/min		≥7.0			—		
吹泡 P 值		—			≤40		
吹泡 L 值		—			≥90		
降落数值/s		≥250			≥150		
加工精度		按实物标样			按实物标样		
粗细度		CB30 全通过,CB36 留存≤10%			CB30 全通过,CB36 留存≤10%		
含沙量/%		≤0.02			≤0.02		
磁性金属物/(g/kg)		≤0.003			≤0.003		
水分/%		≤14.5			≤14.5		
脂肪酸值(以干物计)/(mgKOH/100g)		≤50			≤50		
气味、口味		正常			正常		

注：表中划有"—"的项目不检验。

多少；气味、口味、脂肪酸值反映面粉有无变质，均为面粉纯度的项目。

我国面粉的卫生标准按照我国卫生部和国家技术监督局颁布的有关规定执行，具体指标见表 2-8 和表 2-9。

表 2-8 污染物限量指标 GB 2715

项目		限量/(mg/kg)	项目		限量/(mg/kg)
铅(Pb)	≤	0.2	汞(Hg)	≤	0.02
镉(Cd)	≤	0.1	无机砷(以 As 计)	≤	0.1

表 2-9 农药最大残留限量 GB 2715

项目		限量/(mg/kg)	项目		限量/(mg/kg)
磷化物(以 PH_3 计)	≤	0.05	林丹	≤	0.05
溴甲烷	≤	5	滴滴涕	≤	0.05
甲基毒死蜱	≤	5	氯化苦	≤	2
甲基嘧啶磷	≤	5	艾氏剂	≤	0.02
溴氰菊酯	≤	0.5	狄氏剂	≤	0.02
六六六	≤	0.05	其他农药	≤	按 GB 2763 的规定执行

（二）食品专用面粉

食品专用面粉是指专供生产某类食品或只作某种用途的面粉。食品专用面粉在国外已发展到 20 多种，主要有面包粉、饼干粉、糕点粉、面条粉及家庭用粉等。食品专用面粉按其质量标准分为两个等级：一等是精制级专用粉，其各项质量标准较高，与国外专用粉质量相近；二等是普通级专用粉，适合于我国当前小麦品质状况，基本上能满足目前产品加工的要求。按面粉筋力分为高筋面粉和低筋面粉；按面粉用途可分为面包粉、面条粉、馒头粉、饼干粉、糕点粉及家庭自发粉等。

（三）国外面粉的种类和等级标准

国外一般根据面粉用途和加工精度两个方面来进行分类、分等和规定质量标准，不同用途专用粉的种类多达上百种。这里着重介绍日本和美国面粉的种类及等级标准。

1. 日本面粉的种类

日本是根据面粉的精度和用途来分类的。

按面粉精度分为特等粉、一等粉、二等粉、三等粉和末等粉五个等级。

按面粉用途分类，主要是根据蛋白质、面筋质的量和质分为强力粉、准强力粉、中力粉、薄力粉四种。

2. 美国面粉的种类和等级标准

（1）美国面粉的国家标准 《美国食品、药物法》对面粉的标准规定如下：

① 一般面粉。指干净小麦经过研磨和筛理而得到的产品。这种面粉中不含麸皮或胚，面粉的灰分含量（干基）不得超过面粉蛋白质含量（干基）的 5%。面粉颗粒大小的要求是通过筛孔小于 210μm（70 号筛）的面粉不少于 98%。为防止面粉中酶的不足，可以添加不超过面粉量 0.75% 的发芽面粉或发芽大麦粉。面粉可以使用漂白剂和熟化剂，但用量不得超过足以使面粉漂白和人工老化的剂量。

② 强化面粉。指在一般面粉中添加了营养素，如维生素、矿物质等。表 2-10 引用了美国面粉、面包的营养素强化标准。

表 2-10 面粉、面包营养素强化标准   [单位：mg/kg（质量分数）]

营养素	面粉			面包			新标准
	最低	最高	新标准	最低	最高	新标准	
硫胺素	2.0	2.5	2.9	1.1	1.8	1.8	
核黄素	1.2	1.5	1.8	0.7	1.6	1.1	
烟酸	16.0	20.0	24.0	10.0	15.0	15.0	
维生素 D	250.0	1000.0	—	150.0	750.0		
铁	13.0	16.5	40.0	8.0	12.5	25.0	
钙	500.0	625.0	965.0	300.0	800.0	600.0	

③ 自发面粉。指一般面粉小苏打一种或多种酸性盐（包括磷酸钙、磷酸钠铝、酸性焦磷酸钠等）及食盐的混合物。自发面粉所含发酵剂的量必须能产生占面粉量 0.5% 的 CO_2，但苏打粉和酸性盐的总量不得超过面粉量的 4.5%。

④ 全麦粉。小麦全部磨成面粉，其粗细度要求通过 8 号筛网的面粉不少于 90%；通过 20 号筛网的不少于 50%。可以添加 0.75% 以下的发芽面粉或发芽大麦粉。可用漂白剂和熟化剂处理。

(2) 面粉的等级 面粉的等级与出粉率的高低有关。美国规定净麦出粉率为 72%，其他 28% 是麸皮。出粉率为 72% 的面粉就是统粉。把最纯的面粉（约占面粉的 40%~60%）提出来，就是特制一等粉，剩下的就是特制二等粉。如将面粉的 60%~80% 提出来就是一等粉，剩下的是一号二等粉。如将面粉 80%~90% 提出来，就是中等一等粉，剩下的是二号二等粉。面粉的 90%~95% 称为标准粉，剩下的 5% 是次粉。

四、面粉的工艺性能

（一）面粉的筋力和面筋的工艺性能

所谓面筋，是将面粉加水调制成面团后，用水冲洗，最后剩下的软胶状物质就是湿面筋。面筋在面团形成过程中起非常重要的作用，决定面团的焙烤性能。面粉的筋力好坏及强弱，取决于面粉中面筋的数量及质量。面筋可分为湿面筋和干面筋。

1. 面粉的筋力

我国的面粉质量标准规定：特制一等粉湿面筋含量在26％以上，特制二等粉湿面筋含量在25％以上，标准粉湿面筋含量在24％以上，普通粉湿面筋含量在22％以上。根据面粉中湿面筋含量，可将面粉分为三个等级：高筋面粉，面筋含量大于30％，适于制作面包等高面筋食品；低筋面粉，面筋含量小于24％，适于制作饼干、糕点等低面筋食品；面筋含量在24％～30％之间的面粉，适于制作面条、馒头等。

面筋主要是由麦胶蛋白和麦谷蛋白这两种蛋白质组成的，约占干面筋总量的80％，其余20％左右是淀粉、纤维素、脂肪和其他蛋白质。麦胶蛋白和麦谷蛋白的比例，一般是麦胶蛋白占55％～65％，麦谷蛋白占35％～45％。用水洗的方法洗出的面筋，蛋白质约为面粉所含蛋白质的90％，其他10％为可溶性蛋白质，在洗面筋时溶于水中而流失。湿面筋含量与蛋白质含量之间存在着正比例关系，见表2-11。

表 2-11　面粉的湿面筋含量及水化能力　　　　（单位：％）

小麦种类		面筋含量		水化能力
		湿面筋	干面筋	
春小麦	硬麦	43.72	14.08	211
	中间麦	35.92	12.01	198
	软麦	28.75	9.68	197
冬小麦	硬麦	36.64	11.82	210
	中间麦	32.13	11.08	192
	软麦	26.87	9.53	182

从表中可看出，湿面筋的含量大约为干面筋的3倍，表明一份干面筋可吸收它自身约2倍的水。硬麦和春小麦的面筋含量、水化能力均高于软麦和冬小麦。麦谷蛋白吸水能力最强，其次是麦胶蛋白。

影响面筋形成的主要因素有：面团温度、面团放置时间和面粉质量等。温度过低会影响蛋白质吸水形成面筋。我国北方地区冬季气温较低，因此，在生产中最好将面筋放在暖库或提前搬入车间以提高粉温，并用温水调制面团，以减少低温的不利影响。面团调制后静置一段时间，有利于面筋的形成。

2. 面筋的工艺性能

面粉的筋力好坏，不仅与面筋的数量有关，也与面筋的质量和工艺性能有关。面筋的数量和质量是两个不同的概念。面粉的面筋含量高，并不一定面粉的工艺性能就好，还要看面筋的质量。

面筋的质量和工艺性能指标有延伸性、韧性、弹性和可塑性。延伸性是指面筋被拉长而不断裂的能力；弹性是指湿面筋被压缩或拉伸后恢复原来状态的能力；韧性是指面筋对拉伸所表现出的抵抗力；可塑性是指面团成型或经压缩后，不能恢复其固有状态的性质。以上性质都密切关系到焙烤制品的生产。当面粉的面筋工艺性能不符合生产要求时，可以采取一定的工艺条件来改变其性能，使之符合生产要求。

根据面粉的制作工艺性能，综合上述性能指标可将面筋分为以下三类：

优良面筋：弹性好，延伸性大或适中。

中等面筋：弹性好，延伸性小；或弹性中等，延伸性小。

劣质面筋：弹性差，韧性差，由于本身重力而自然延伸至断裂。完全没有弹性或冲洗面筋时，不黏结而流散。

对于面筋品质的评定是多方面的，近年来国内外采用了较先进的仪器，如面团拉力仪、面团发酵仪和面团阻力仪、质构仪及面团吹泡示功器等对面筋的筋力进行研究。

面团吹泡示功器是测定面筋工艺性能的一种仪器。先将面团制成一定厚度的薄片，用压缩空气吹成气泡，逐渐吹大，最后破裂，用仪器给出的曲线如图2-3所示。

面团吹泡示功器用于测定弹性、延伸性和筋力，即把单位面团（1g）变成厚度最小的薄膜所需的功（J）。

图中：

V：以横坐标表示面团气泡的最大容积，与发酵面团的体积相适应。

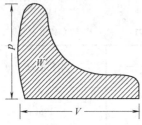

图2-3 面团延伸性曲线图

p：以纵坐标表示面团薄片在吹泡时的最大阻力，用厘米水柱压力表示。并按照吹泡示意图中纵坐标的平均最大值计量。也可按面粉能吸收的最大水分来确定。筋力愈强，p值愈大。

W：比功，即单位质量的面团变成厚度最小的薄膜所耗费的功，或由吹泡示功图的面积乘以该图形单位面积的做功当量，乘以变形面团薄片平均质量求得。筋力愈强，W值愈大。

p和W的数值愈大，面团的筋力愈强，通过p和V的比值则可看出面筋的弹性和延伸性情况。

按p/V比值分类：

$p/V=0.15\sim0.7$，弹性较差，延伸性好。

$p/V=0.8\sim1.4$，弹性好，延伸性好。

$p/V=1.6\sim5.0$，弹性好，延伸性差，面团易断裂或散碎。

p/V超过2.5，则筋力过强，易造成饼干僵硬、易变形，面包体积起发不足。

按W分类：

$W>3\times10^{-5}$J/g，强力面粉。

$W=(1.8\sim2.2)\times10^{-5}$J/g，中力面粉。

生产面包用的面粉，以湿面筋含量在30%~40%，p/V值在0.8~1.4，W值

在 $(2.5\sim3)\times10^{-5}$ J/g 为最好。面筋过强的面粉需延长发酵时间,但难以控制。生产糕点、饼干的面粉,以其湿面筋含量在 20%～24%,p/V 值在 0.15～1.7,W 值在 1.2×10^{-5} J/g 为宜。

从上述对比中可以看出,不同烘烤食品,对面筋工艺性能的要求也不同。制作面包要求弹性和延伸性都好的面粉,而制作饼干、糕点则要求弹性、延伸性、韧性都不高,但面粉可塑性良好。如果面粉的工艺性能不能满足所制食品的需要,则需在面粉中添加改良剂或采用其他工艺方法以改善面粉的性能,使其符合所制食品的要求。

抗坏血酸、溴酸钾、偶氮甲酰胺、碘酸钾等改良剂均对面筋性能的改善有重要作用。随着酸的浓度不同,可以增强或降低面筋的吸水能力,使面筋变弱或变得坚实。

高温可使面筋蛋白质变性。局部变性能使面筋的软胶强化,使弱面筋的性质变强;而过度变性则会破坏面筋的工艺性能,增强面筋的可塑性。

不饱和脂肪酸对面筋的工艺性能也有很大影响。在面粉中只要加入 0.1%～0.5% 的油酸,就能使面筋的韧性增强。用储存过久、酸度过高的面粉洗出的面筋,开始时显得很松散而呈小块状,过一段时间后便黏结在一起而成为韧性很强的面筋。

(二) 面粉蛋白质含量及质量

面粉的烘焙品质是由蛋白质的含量及质量两个方面来决定的。一般来说,面粉内所含蛋白质越多,做出的面包体积越大,反之越小。但有些面粉蛋白质含量较高,而面包体积却很小,这说明面粉的烘焙品质仅靠蛋白质含量来评定是不科学的。表 2-12 为面粉蛋白质的种类、含量及特性。

表 2-12 面粉蛋白质种类、含量及特性

蛋白质种类	含量/%	品 质 特 性	功 能
麦谷蛋白	25	分子较大,具有良好的弹性,延伸性较差	形成面筋
麦胶蛋白	45	分子较小,具有良好的延伸性,弹性较差	形成面筋
麦清蛋白 麦球蛋白	8.75	水溶性	不形成面筋
酸溶蛋白	21.25	酸溶性	不形成面筋

从上表可以看出,能形成面筋构成烘焙食品骨架的蛋白质只有麦胶蛋白和麦谷蛋白。这两种蛋白质约占蛋白质的 70%。因此,麦胶蛋白和麦谷蛋白是影响烘焙品质的决定性因素,而这两种蛋白质在品质特性上又存在着很大差异。

面粉加水搅拌时,麦谷蛋白首先吸水润胀,同时麦胶蛋白、酸溶蛋白及水溶性的麦清蛋白和麦球蛋白等成分也逐渐吸水润胀,随着不断搅拌形成了面筋网络。麦胶蛋白形成的面筋具有良好的延伸性,但缺乏弹性,有利于面团的整形操作,但面

筋筋力不足，很软，很弱，使成品体积小，弹性较差。麦谷蛋白形成的面筋若蛋白含量过多，势必造成面团弹性和韧性太强、无法膨胀，导致产品体积小，或因面团韧性和持气性太强，面团内气压大而造成产品表面开裂现象。如果麦胶蛋白含量过多，则造成面团太软弱，面筋网络结构不牢固，持气性差，面团过度膨胀，导致产品出现顶部塌陷、变形等不良结果。面粉的烘焙品质还与不同小麦的品质特性有着密切关系，见表2-13。

表2-13 不同小麦的品质特性差异

小麦种类	蛋白质/%	出粉率/%	灰分/%	面包体积/ml	面包评分
硬红春麦	13.9	69.6	0.49	2210	89.5
硬红冬麦	13.5	72.4	0.45	2028	88.5
杜伦小麦	15.5	71.1	0.77	1043	86.5
白麦	12.3	70.6	0.47	1876	85

从上表可以看出，用硬红春麦和硬红冬麦磨制的面粉制出的面包体积大，而杜伦面粉虽然蛋白质含量最高，但面包体积却很小。其原因可能是杜伦小麦中麦胶蛋白和麦谷蛋白之间比例不适当，即麦谷蛋白含量较高，造成面团弹性、韧性太强，面团膨胀不起来。所以杜伦小麦被大量用来生产不需延伸性太强的通心面条、挂面和其他面制品。

从以上分析可以看出，面粉的烘焙品质不仅与总蛋白数量有关，而且与其质量有关，特别是与面筋蛋白质的质量有关，即麦胶蛋白和麦谷蛋白之间在量上要成比例。这两种蛋白质的相互作用，使面团既有合适的弹性、韧性，又有理想的延伸性。

在实际生产过程中，国外用户都是首先用粉质仪或拉伸仪来检验。例如有两种面粉，一种含湿面筋30%，延伸速度为20mm/min，延伸长度为300mm；另一种含湿面筋20%，延伸速度为5mm/min，延伸长度为100mm。很明显，前者弹性差，延伸性好，量大质弱。后者弹性好，延伸性差，量小质优。一般可选择后者。

在选择面粉时应按以下原则，在面粉蛋白质数量相差很大时以数量为主；在蛋白质数量相差不大，但质量相差很大时以质量为主；也可以采取搭配使用的方法来补偿面粉蛋白质数量和质量之间的不足。

（三）面粉吸水量

面粉吸水量是面粉烘烤品质的重要指标。面粉吸水量是调制一定稠度和黏度的面团所需的水量，以占面粉质量的百分率表示，通常用粉质测定仪表测定。面粉的吸水量大可以提高出品率，对用酵母发酵的面团制品和油炸制品的保鲜也有良好作用。一般面粉吸水率在45%～55%。

面粉实际吸水量的大小在很大程度上取决于面粉的蛋白质含量。面粉的吸水量随蛋白质含量的提高而增加。面粉蛋白质含量每增加1%，用粉质测定仪测得的吸水量约增加 1.5%。但不同品种小麦的面粉，吸水量增加程度不同，即使蛋白质含量相似，某种面粉的最佳吸水量可能并不等于另一种面粉的最佳吸水量。此外，蛋白质含量低的面粉，吸水量的变化率没有高蛋白质面粉那样大。蛋白质含量在 9% 以下时，吸水量减少较少或不再减少。这是因为当蛋白质含量减少时，淀粉吸水的相对比例增加较大。

（四）气味与滋味

气味与滋味是鉴定面粉品质的重要感官评价指标。新鲜面粉具有良好、新鲜而清淡的香味，在口中咀嚼时有甜味，凡带有酸味、苦味、霉味、腐败臭味的面粉都属于变质面粉。

（五）面粉的特殊处理

制作高质量蛋糕，必须用氯气漂白过的软质冬麦所磨出的面粉。但这种面粉不适宜制作饼干和糕点。主要有以下几种原因。

1. 提高了面粉白度

氯气可使面粉中的叶黄素、胡萝卜素、叶黄素酯化物等色素被氧化褪色，形成无色化合物而漂白了面粉，制作的蛋糕组织非常洁白。

2. 降低了面粉的 pH 值

大部分蛋糕类产品的面糊都偏酸性，面糊酸性大小可以控制蛋糕组织的膨松程度，影响组织的均匀性，当面糊偏酸时，如 pH＝5.2～5.8，油和水混合均匀，乳浊液比较稳定，当 pH＝6.7～8.3 时，则破坏了乳浊液的稳定性，造成油、水分离现象。如果制作奶油蛋糕，则 pH＝4.8 时面糊乳浊液最稳定。而氯气漂白的最大特点之一就是降低了面粉的 pH 值，有利于蛋糕组织均匀细腻，无大孔洞。

3. 降低了面筋筋力

蛋糕面粉蛋白质含量要求在 7%～9% 之间。蛋白质分子较大，在面糊搅拌过程中如果稍微搅拌过度或面粉添加顺序不对，面糊就会出筋，产生韧性，抵制产品体积膨胀或产品表面凸起，内部组织有大孔洞。面粉经过氯气漂白后，能将大分子蛋白质分解成小分子蛋白质，降低了面筋筋力，搅拌面糊时不必担心搅拌过度或添加顺序不当引起面糊出筋。

4. 降低糊化温度，提高面粉吸水率，增大产品体积和出品率

降低淀粉的糊化温度，提高面粉吸水率 20%，增大产品体积和出品率。在用氯气漂白面粉过程中，淀粉颗粒表面受到破坏，损伤淀粉含量增加，淀粉可以提前大量吸水胀润，糊化温度大大降低。淀粉糊化温度越低，淀粉吸水胀润越充分彻底，产品烘焙品质越好。

5. 氯气漂白抑制或破坏了面粉中的 α-淀粉酶活性，使面糊黏度提高，增大了产品体积

面糊在烘焙过程中，淀粉受热而逐渐膨胀，同时吸收大量水分产生黏性，α-

淀粉酶活性也随温度升高而增大，并分解淀粉降低了面糊黏度和持气性，使蛋糕体积缩小。使用氯气漂白的面粉，α-淀粉酶活性受到抑制和破坏，面糊黏度增大，在烘焙初期提前发生糊化，增加了面糊稳定性和持气性，蛋糕体积可增加10%以上。

（六）面粉的糖化力和产气能力

1. 面粉的糖化力

面粉的糖化力是指面粉中的淀粉转化成糖的能力。它的大小是用 10g 面粉加 5ml 水调制成面团，在 27～30℃下经 1h 发酵所产生的麦芽糖的毫克数来表示的。

由于面粉糖化是在一系列淀粉酶和糖化酶的作用下进行的，因此，面粉糖化力的大小取决于面粉中这些酶的活性程度。正常小麦磨制的面粉中，β-淀粉酶的含量充分，面粉糖化力的大小主要不是取决于 β-淀粉酶的数量，而是取决于面粉颗粒的大小。面粉颗粒越小，越易被酶水解而糖化。我国特制粉的粒度比标准粉细，因此较易糖化。

面粉的糖化力对于面团的发酵和产气能力影响很大。由于酵母发酵时所需糖的来源主要是面粉糖化，并且发酵完毕剩余的糖又与面包的色、香、味关系很大，因此，面粉的糖化力对主食面包的质量影响很大。

2. 面粉的产气能力

面粉在面团发酵过程中产生二氧化碳气体的能力称为面粉的产气能力。它以 100g 面粉加 65ml 水和 2g 鲜酵母调制成面团，在 30℃下发酵 5h 所产生的二氧化碳气体的毫升数来表示。

面粉的产气能力取决于面粉的糖化力。一般来说，面粉糖化力越强，生成的糖越多，产气能力也越强，所制作的面包质量就越好。制作面包时，要求面粉的产气能力不得低于 1200ml。在使用同种酵母和相同的发酵条件下，面粉的产气能力越强，制出的面包体积越大。表 2-14 所示是面粉的产气能力与面包体积的关系。

表 2-14 面粉的产气能力与面包体积的关系

面团发酵 5h 所产生二氧化碳/ml	100g 面粉制成的面包体积/ml
1300	357
1300～1600	370
1600～1900	391
1900～2200	393
>2200	423

3. 面粉的糖化力与产气能力对面包质量的影响

面粉的糖化力与产气能力的比例关系，对所制面包的色、香、味、形都有一定的影响。糖化力强而产气能力弱的面粉，面团中剩余的糖较多，可使面包具有良好的色、香、味，但因产气能力弱，面包体积小；糖化力弱而产气能力强的面粉，则面包体积较大，但色、香、味不佳。只有糖化和产气能力都强的面粉，才能制得色、香、味好而体积又大的面包。

面团中剩余的糖在1%以下时,制成的面包皮色白,即使延长烘焙时间也无效果。因此,面团中剩余糖量要求不低于2%。面粉中原有含糖量和面粉糖化生成的糖对面粉产气能力的影响,如表2-15所示。

表2-15 原有含糖量和糖化力不同的面粉产气能力的比较

样品号	面粉中原有含糖量/%	面粉糖化力	面粉状态	100g面粉、65ml水、2g鲜酵母所产生二氧化碳体积/ml					产气总体积/ml
				1h	2h	3h	4h	5h	
1	1.64	364	正常	136	205	297	367	236	1241
1	—	—	钝化	126	114	95	46	42	423
2	2.5	210	正常	160	223	282	405	330	1400
2	—	—	钝化	102	132	126	80	73	513
3	1.6	104	正常	150	220	287	120	103	880
3	—	—	钝化	105	90	59	33	22	309

由表2-15可以看出:

① 凡是钝化的面粉,其产气能力都远低于正常面粉,仅是正常面粉的1/3左右。

② 凡是钝化的面粉,在发酵的后两个小时,由于缺乏足够的补充,其产气能力均明显降低。

③ 糖化力强、原有含糖量高的面粉,其产气能力高于糖化力弱、原有含糖量低的面粉。

④ 正常的面粉,特别是糖化力强、原有含糖量高的正常面粉,越在发酵后期,其产气能力越强,这说明其糖化充分、糖源丰富。

(七) 异常面粉的性能

异常小麦磨制的面粉,其烘烤性能较差,对烘烤食品的生产工艺和产品质量都将造成不良影响。

1. 发芽的面粉

发芽的小麦磨制的面粉其酶类活动极强。淀粉酶活性增强,会使淀粉水解成糊精和其他可溶性物质,又因糊精的持水性弱,使面团中部分水分处于游离状态,生产出来的面包瓤发黏而潮湿,外形塌陷而无弹性,颜色发暗。未成熟小麦磨制的面粉也有类似情况。正常小麦磨制的面粉,因糊化时吸水且将吸收的游离水变成胶体结合水,所以面包瓤干爽正常。发芽面粉蛋白酶活力增强,面筋质含量减少,质量降低,筋力变弱。但有时也发生相反的现象,面筋质增强,显得散碎,面包瓤黏而湿。这是脂肪酶活力增强的结果。

发芽面粉可以采取以下措施来改善烘烤性能:提高面团的酸度和发酵温度。在正常的面粉中添加适量发芽面粉,可以改善烘烤食品的质量。

2. 虫蚀面粉

虫蚀小麦磨制的面粉其蛋白酶活性增强，调制面团时蛋白质分解，面团弹性减小，黏性增大，制作的面包扁平呈大饼状，面包皮有裂缝，面包孔隙大小不匀。

改善虫蚀面粉烘烤性能的主要措施有：磨制面粉前，用热水洗小麦；提高面团的有效酸度；将少量虫蚀面粉掺入正常面粉中。

3. 冻害面粉

冻害小麦磨制的面粉中各种酶的活力都增强，特别是淀粉酶。烘烤食品时与发芽面粉有类似的现象，可以用处理发芽面粉的措施来改善冻害面粉的烘烤性能。

五、面粉的储藏

（一）面粉熟化（亦称成熟、后熟、陈化）

新磨制的面粉所制面团黏性大，缺少弹性和韧性，生产出来的面皮色暗、体积小、扁平易塌陷、组织不均匀。但这种面粉经过一段时间后，其烘烤性能有所改善，上述缺点得到一定程度的克服，这种现象就称为面粉的"熟化"。

面粉熟化的机理是新磨制的面粉中的半胱氨酸和胱氨酸含有未被氧化的巯基（—SH），这种巯基是蛋白酶的激活剂。调粉时，被激活的蛋白酶强烈分解面粉中的蛋白质，从而使烘烤食品的品质低劣。但经过储藏一段时间后，巯基被 O_2 氧化而失去活性，面粉中蛋白质不被分解，面粉的烘烤性能也因而得到改善。

面粉熟化时间以 3~4 周为宜。新磨制面粉 4~5 天后开始"出汗"，进入面粉呼吸阶段，发生某种生化和氧化作用而使面粉熟化，通常在三周后结束。面粉在"出汗"期间，很难制作出质量良好的面包。除了 O_2 外，温度对面粉的熟化也有影响，高温会加速熟化，低温会抑制熟化，一般以 25℃ 为宜。试验发现，温度 0℃以下时，生化特性和熟化反应大大降低。

除了自然熟化外，还可用化学方法处理新磨制的面粉，使之熟化。用化学方法熟化的面粉，在 5 天内使用可以制作出合格的面粉。最广泛使用的化学处理方法是在面粉中添加面团改良剂，如溴酸钾、维生素 C 等。

（二）面粉储藏中水分的影响

面粉在储藏期间，其质量的保持主要受面粉水分含量的影响。面粉具有吸湿性，因而其水分含量随周围空气的相对湿度的变化而增减。以袋装方式储藏的面粉，其水分变化的速度往往比散包装储藏的面粉快。

相对湿度为 70% 时，面粉的水分基本保持稳定不变。相对湿度超过 75%，面粉将较多地吸收水分。常温下，真菌孢子萌发所需要的相对湿度为 75%。面粉水分如果超过规定标准，霉菌生长很快，容易霉变发热，使水溶性含氮物增加，蛋白质含量降低，面筋质性质变差，酸度增加。因此，面粉储藏在相对湿度为 55%~

65%，温度为 18~24℃ 的条件下较为适宜。

第二节 糖

在焙烤制品中除了面粉外，糖是用量最多的一种原料。

一、糖的种类及特性

（一）蔗糖

蔗糖是焙烤食品生产中最常用的糖，如白砂糖、黄砂糖、绵白糖等，其中以白砂糖使用最多。

1. 白砂糖

白砂糖为精制砂糖，简称砂糖，纯度很高，蔗糖含量在 99% 以上。白砂糖为粒状晶体，根据晶粒大小可分为粗砂、中砂、细砂三种。我国生产的白砂糖，分为甜菜糖和甘蔗糖。对白砂糖的品质要求是：晶粒整齐、颜色洁白、干燥、无杂质、无异味。我国颁布的白砂糖标准中的理化指标见表 2-16。

表 2-16 白砂糖的理化指标

项 目		指 标			
		精 制	优 级	一 级	二 级
蔗糖分/%	≥	99.8	99.7	99.6	99.5
还原糖分/%	≤	0.03	0.05	0.10	0.17
电导灰分/%	≤	0.03	0.05	0.10	0.15
干燥失重/%	≤	0.06	0.06	0.07	0.12
色值/IU		30	80	170	260
浑浊度/度	≤	3	7	9	11
不溶于水杂质/(mg/kg)	≤	20	30	50	80

2. 黄砂糖

在提制砂糖过程中，未经脱色或晶粒表面糖蜜未洗净，砂糖晶粒带棕黄色，称黄砂糖。黄砂糖一般用于中、低档产品，其甜度及口味较白砂糖差，易吸潮，不耐储藏，且含有较多无机杂质，如含铜量高达 2×10^{-5} g/kg 以上，影响产品口味。因此，使用时要十分注意黄砂糖的质量。

黄砂糖含水较高，保存过程中易发霉变质，研磨成糖粉十分困难，一般制成糖浆使用。同时要特别注意因其中常带有夹杂物，所以糖浆须经过滤后才能使用。此种糖常有糖螨存在，对人体有害，因此切忌生食。

3. 绵白糖

由颗粒细小的白砂糖加入一部分转化糖浆或饴糖，干燥冷却而成。可以直接加入使用，不需粉碎，但价格较砂糖高、成本高，所以一般不大采用。

（二）饴糖

饴糖俗称米稀。可用谷物为原料，利用淀粉酶或大麦芽，把淀粉水解为糊精、麦芽糖及少量葡萄糖制得。色泽淡黄而透明，能代替蔗糖使用。饴糖的主要成分是麦芽糖和糊精，其干物质含量随品级不同而有差异，大体为73%～75.6%，纯净的麦芽糖其甜度约等于砂糖的一半，因此通常在计算饴糖的甜度时均以1/4的砂糖甜度来衡量。

由于饴糖中主要含有麦芽糖和糊精，糊精的水溶液黏度较大，因此，饴糖可以作为糕点制品中的抗晶剂。糊精含量多的饴糖对热的传导性较差。麦芽糖的熔点较低，在102～103℃左右，对热不稳定，因此饴糖常作为焙烤食品的着色剂。饴糖的持水性强，可保持糕点的柔软性，是面筋的改良剂，可使制品质地均匀，内部组织孔隙细微，芯部柔软，体积增大。

饴糖黏度极高，主要是因含有大量的糊精所致，它的存在对面团的黏度影响很大，过量使用易造成粘辊、粘模现象，且成型困难，因此不宜多用。

（三）淀粉糖浆

淀粉糖浆又称葡萄糖浆、化学稀、糖稀，是用玉米淀粉经酸水解而成的。其主要成分是葡萄糖、糊精、多糖类和少量的麦芽糖。

淀粉糖浆是一种黏稠浆状物，味甜温和，极易被人体直接吸收，甜度相当于蔗糖的60%。浓度随浓缩程度不同而异。

葡萄糖是淀粉糖浆的主要成分，熔点为146℃，低于蔗糖，在制品中着色比蔗糖快。由于它有还原性，所以具有防止再结晶的功能。在挂明浆的产品中，淀粉糖浆是不可缺少的原料。结晶的葡萄糖吸湿性差，但极易溶在水中，而溶解于水中的葡萄糖溶液具有较强的吸湿性，这对于食品在一定时间内保持质地松软有着重要的作用。

糊精是白色或微黄色的结晶体粉末或微粒，无甜味，几乎无吸湿性，能溶于水，在热水中胀润而糊化具有极强的黏性。糊精在淀粉糖浆中的含量多少直接影响其黏度，同时，也间接地影响食品在加工过程中热的传导性。正是由于糊精具有较大的黏稠性，因而可以防止蔗糖分子的结晶返砂作用。

与葡萄糖相反，固体麦芽糖吸湿性很强，而含水的麦芽糖则吸水性不大。在淀粉糖浆中含有一定量的麦芽糖，使淀粉糖浆的着色和抗结晶作用更加突出。

（四）转化糖浆

蔗糖在酸的作用下能水解成葡萄糖与果糖，这种变化称为转化。一分子葡萄糖与一分子果糖的结合体称为转化糖。含有转化糖的水溶液称为转化糖浆。

正常的转化糖浆应为澄清的浅黄色溶液，具有特殊的风味。转化糖浆应随用随配，不宜长时间储放。在缺乏淀粉糖浆和饴糖的地区，可以用转化糖浆代替。

转化糖浆可部分用于面包和饼干中，在浆皮类月饼等软皮糕点中可全部使用，也可以用于糕点、面包馅料的调制。

（五）果葡糖浆

果葡糖浆是淀粉经酶法水解生成葡萄糖，在异构酶作用下将部分葡萄糖转化成果糖而形成的一种甜度较高的糖浆。果葡糖浆在焙烤食品中可以代替蔗糖。它能直接被人体吸收，尤其对糖尿病、肝病、肥胖病等患者更为适用。目前，不少食品厂生产面包均用果葡糖浆代替砂糖。

二、糖的作用

（一）改善烘焙食品的色、香、味、形

面包、糕点在烘焙时，由于糖的焦化作用和褐色反应，可使产品表面形成金黄色或棕黄色，增加产品的甜味。糖在糕点中起到骨架作用，能改善组织状态，使外形挺拔。

（二）提供酵母生长与繁殖所需营养

生产面包和苏打饼干时，需采用酵母进行发酵，酵母生长和繁殖需要碳源，可以由淀粉酶水解淀粉来供给，但是在发酵开始阶段，淀粉酶水解淀粉产生的糖分还来不及满足酵母的需要，此时酵母主要利用配料中加入的糖作为营养物质。因此在面包和苏打饼干面团发酵初期加入适量糖会促进酵母繁殖，加快发酵速度。

（三）抗氧化作用

糖是一种天然的抗氧化剂，这是因为还原糖（饴糖、化学稀）具有还原性。即使是使用蔗糖，在糖溶化过程中亦有相当一部分蔗糖变成转化糖。尤其是配方中加入有机酸时这种转化更为明显。因此糖对饼干油脂稳定性起了保护作用，可以延长保存期。一般酥性饼干不加抗氧化剂也不易产生酸败味正是这个原因。

（四）调节面团中面筋的胀润度

面团在调制过程中，面粉中的面筋性蛋白质由于吸水胀润而形成了大量面筋，使面团弹性增强，黏度相应降低。但如果面团中加入糖浆，由于糖的吸湿性，它不仅吸收蛋白质胶粒之间的游离水，还会造成胶粒外部浓度增加使胶粒内部的水分产生反渗透作用，从而降低蛋白质胶粒的吸水性，造成调粉过程中面筋形成量降低，弹性减弱，因此糖在面团调制过程中起反水化作用。

不同种类的糖对面粉的反水化作用不同，双糖比单糖的大，因此加砂糖糖浆比加入等量的淀粉糖浆的作用要强烈。此外溶化的砂糖糖浆比糖粉的作用大，因为糖粉虽然在调粉时亦逐渐吸水溶解，但过程很缓慢。因而低糖饼干由于用糖量少，常以转化糖浆为主，高档品种常以糖粉为主。一般来说，在一定限度内糖的比例越高，饼干的品级亦越优。

糖有较强的吸水性，面团中的糖分要吸收一定量水分，则会影响面筋的吸水胀润，从而限制了面筋的大量形成。这一点与酥性面团有密切关系。一般酥性面团配糖量要高，使面团中面筋胀润到一定程度，以便操作，并可避免由于面筋胀润过度而引起饼干的收缩变形。表 2-17 为面粉中使用不同糖量对面筋性能的影响。

表 2-17　面粉中使用不同糖量对面筋性能的影响　［单位：%（质量分数）］

面筋性能	加入不同糖量后面团中面筋量				
	0	10	20	30	40
强	41.1	39.0	38.1	37.5	35.9
中	36.7	36.0	35.2	34.0	32.8
弱	32.6	32.3	31.8	31.3	30.0
极弱	28.7	28.5	27.9	27.1	25.3

表 2-17 显示，面团中的面筋形成量随糖量增加而下降，这种作用对强面筋影响较大，一般对较弱的面筋则影响不太明显。正常用量的糖对面团吸水率影响不大。

（五）对面团吸水率及搅拌时间的影响

糖对面粉吸水率的影响如表 2-18 所示。从表中可以看出，大约每增加 1% 的糖量，面团吸水率降低 0.6%。高糖面团若不减少水分或延长搅拌时间，则面团搅拌不足，面筋不能充分扩展，产品体积小，内部组织粗糙。因此，高糖配方的面包面团，搅拌时间要比低糖面团增加 50% 左右。制作高糖面包时，最好使用高速调粉机。

表 2-18　糖对面粉吸水率的影响　　　　　　　　（单位：%）

面粉样号	1				2				3			
面粉含糖量	0	10	20	50	9	30	40	50	9	30	40	50
面粉吸水率	50	44	38	20	50	32	26	20	50	32	26	20
湿面筋量	37	37	36	30	38	37.8	34	34	37	35	34	32

（六）提高营养价值

糖的发热量高，能迅速被人体吸收。每千克糖的发热量为 3500~4000kJ，可有效地清除人体的疲劳、补充人体的代谢需要。

第三节 油 脂

油脂是焙烤食品的主要原料，有的糕点用油量高达50％以上。油脂不仅为制品增加了风味，改善了结构、外形的色泽，提高了营养价值，而且还为油炸类糕点提供了加热介质。油脂主要用于糕点和饼干中，在面包中用量较少。

一、常用油脂的种类

（一）植物油

植物油是由植物种子加工而得的。它的品种较多，有花生油、大豆油、菜籽油、椰子油等。除椰子油外，其他各种植物油因含有较多的不饱和脂肪酸甘油酯，其熔点低，在常温下呈液态。植物油中主要含有不饱和脂肪酸，其营养价值高于动物油脂，但加工性能不如动物油脂或固态油脂。

1. 花生油

花生油是从花生中提取出来的油脂。我国华北、华东等盛产花生的地区多用这种油作为糕点的油脂原料。花生油的重要特征是饱和脂肪酸含量较高，达13％～22％，特别是其中存在的高分子脂肪酸，如花生酸和木焦酸。因此，在我国北方，春、夏、秋三季花生油为液态，冬季则成为白色半固体状态。故花生油是人造奶油的良好原料。

2. 大豆油

大豆油是我国东北地区所产的主要油脂。大豆油中亚油酸含量高，不含胆固醇，是一种很好的营养食用油，消化率高达95％，长期食用对人体动脉硬化有预防作用。大豆油起酥性比动物油或固态油差，颜色较黄，故使用效果不理想。东北地区还常用于面包的生产中。

3. 菜籽油

菜籽油是从油菜籽中提取出来的油脂。除东北地区外，全国各地均有生产，其中以长江和珠江流域各省较多。菜籽油中芥酸和油酸含量高，饱和脂肪酸（棕榈酸、硬脂酸等）含量较低，一烯脂肪酸含量偏高。

4. 芝麻油

芝麻油具有特殊的香气，俗称香油。其中小磨香油香气醇厚，品质最佳。芝麻油中含有芝麻酚，使其带有特殊的香气，并具有抗氧化作用，故芝麻油比其他植物油更不易酸败。芝麻油价格较贵，多用于高档糕点的馅料中，也有用于饼干和糕点的皮料中作为增香剂。

5. 葵花子油

葵花子油是当今世界上消费量仅次于大豆油的食用油脂。葵花子油具有诱人的清香味，而且含有十分丰富的营养物质。亚油酸的含量高于大豆油、花生油、棉籽油、芝麻油。高浓度的亚油酸在营养学上具有重要意义。

葵花子油还含有十分丰富的维生素 E，约为 0.12%；胡萝卜素约为 0.045%；植物固醇为 0.4%；磷脂约为 0.2%，这些成分能和亚油酸相互作用，进一步增强了亚油酸降低胆固醇的功效。故在植物油中葵花子油具有较高的降低胆固醇的功能。

6. 棕榈油

棕榈油原产于非洲西部，是世界上最高产、使用最广泛的油脂。改革开放后，我国每年从马来西亚、东南亚国家进口大量棕榈油。棕榈油目前主要作为食品工业的原料油和加工用油。它是一种半固态油脂，饱和脂肪酸含量在 50% 以上，不饱和脂肪酸在 45% 左右。棕榈油是经过滤、精炼、加工制成的液体油或固体油脂，根据用户不同的要求，进行脱脂、脱酸、脱臭、脱氧、脱色、脱味等工艺处理，加工出低、中、高不同熔点等级的食用油。

（1）棕榈油标准　棕榈油 GB/T 18008—1999 规定特性指标应符合表 2-19，棕榈油质量的理化指标应符合表 2-20 的规定。粗棕榈油第一级、第二级为食用原料油，第三级为工业用油。

表 2-19　棕榈油的特性指标

项目	指标	项目	指标
密度 ρ_1/(kg/m³)	889~897	皂化值/(mmol/kg)	3.39×10^3~3.73×10^3
折射率 n(50℃)	1.450~1.460	熔点(滑动点)/℃	31~38
碘价/(g/100g)	50~55	不皂化物/% ≤	2.0

表 2-20　棕榈油质量的理化指标

项目		粗棕榈油			精炼棕榈油
		一级	二级	三级	
游离脂肪酸/%（以棕榈酸计）	≤	2.5	4.6	8	0.25
水分和挥发物/%	≤	0.10	0.20	0.20	0.10
杂质/%	≤	0.05	0.10	0.20	0.05
过氧化值/(mmol/kg)	≤	10	10	20	10
铁/(mg/kg)	≤	5.0	5.0	10	1.5
铜/(mg/kg)	≤	0.20	0.40	0.40	0.10
罗维朋色度	≤	R22 Y22(25.4mm 槽)			R3.0 Y30(133.4mm 槽)

（2）棕榈油的性能及特点

① 油质好。最突出特点是发烟点高，稳定性好，使用时间长，不易氧化，气

味清淡透明，无异味，耐储性能更佳。特别适合于油炸面包和糕点。

② 营养价值高。棕榈油中含有丰富的维生素 A（类胡萝卜素含量为 500～700mg/kg），维生素 E（即生育酚，含量为 600～1000mg/kg），亚油酸（10%）。

③ 用途广。棕榈油是油炸面包、糕点、方便面、锅巴及其他油炸类食品的理想炸油之一。它还可以制成人造奶油、起酥油、烹调油和凉拌油等。

用棕榈油制成的人造奶油是用于生产起酥面包和起酥糕点，如丹麦面包、糕点的理想油脂。由于该油脂熔点高、塑性强，易于在面团中形成多层次。另外，在焙烤过程中，由于该油脂比较坚韧和可塑性强，不能很快熔解，细薄的油层阻止了饼坯中蒸发的水分消散，结果导致饼层的分离，形成了清晰、松软的层次。

（二）动物油脂

常用的天然动物油是奶油和猪油，大多数动物油都具有熔点高、可塑性强、起酥性好的特点。

1. 奶油

奶油又称黄油或白脱油，由牛乳经离心分离而得。因有特殊芳香和营养价值而受到人们的普遍欢迎。奶油是糕点特别是西式糕点的重要原料。奶油的熔点为 28～34℃，凝固点为 15～25℃，所以一般在常温下呈固态，高温下则软化变形，这是奶油的最大弱点。

奶油在高温下易受细菌和霉菌的污染，其中酪酸首先被分解而产生不愉快的气味。奶油中的不饱和脂肪酸易被氧化而酸败，高温和光照也会促进氧化的进行。因此，奶油应在冷藏库或冰箱中储存。

2. 猪油

猪油在中式糕点中用量很大，使用也很普遍。精制的猪油色泽洁白，可塑性强，起酥性好，制出的糕点品质细腻，口味肥美。

猪油最适合制作中式糕点的酥皮，起层多，色泽白，酥性好，熔点高，利于加工操作。因为猪油呈 β 型大结晶，在面团中能均匀分散在层与层之间，进而形成众多的小层。烘烤时这些小粒子熔解使面团起层，酥松适合，入口即化。

中式糕点常用的猪油分为精制熟猪油和板丁油。精制熟猪油是由板油、网油及肥膘熔炼而成的。在常温下呈白色固体，多用于酥皮中的水油面团和大多数酥类糕点、猪油年糕等。若在面包中添加 4% 的精制猪油，就相当于添加 0.5% SSL 乳化剂的效果。除精制猪油外，在苏式、广式、宁绍式、闽式糕点的馅料中，常使用猪板油丁、糖渍肥膘等，使馅料口味肥美，油而不腻。

（三）氢化油

氢化油亦称硬化油，油脂氢化是将油脂经过中和后，在高温下通入氢气，在催化剂作用下，使油脂中不饱和脂肪酸达到适当的饱和程度，从而提高了稳定性，改变了原来的性质。在加工过程中，氢化油经过精炼脱色、脱臭后，色泽纯白或微黄，无臭、无异味。其可塑性、乳化性和起酥性均较佳。特别是具有较高的稳定性，不易氧化酸败，是焙烤制品比较好的原料。

（四）人造奶油

人造奶油是目前焙烤食品使用最广泛的油脂之一。它以氢化油为主要原料，添加适量的牛乳或乳制品、色素、香料、乳化剂、防腐剂、抗氧化剂、食盐和维生素，经混合、乳化等工序而制成。它的软硬度可由各成分的配比来调整。乳化性能和加工性能比奶油还要好，是奶油的良好代用品。人造奶油的种类较多，用于食品工业的有以下几种：

1. 通用人造奶油

这是一类实用性很强的人造奶油，在任何气温下都有可塑性和充气性，一般熔点较低，可塑性范围宽，具有起酥性，可用于面包、饼干、糕点、重油蛋糕等多种食品。

2. 专用人造奶油

（1）面包用人造奶油　用于面包加工和装饰，稠度较大，可塑性较宽，吸水性及乳化性均好，并可使面包带有奶油风味，延缓面包老化。

（2）起酥制品用人造奶油　这种油脂熔点高，塑性强，起酥性好。适用于起层次的酥皮、千层酥、酥皮面包、丹麦式起酥面包等。

（五）起酥油

起酥油是指精炼的动、植物油脂，氢化油或这些油脂的混合物，经混合、冷却塑化加工出来的具有可塑性、乳化性等加工性能的固态可流动性的油脂产品。起酥油不能直接食用，是食品加工的原料油脂，因而必然具备各种食品加工性能。起酥油与人造奶油的主要区别是起酥油中没有水相。

起酥油的品种很多，有通用型起酥油、乳化型起酥油、高稳定型起酥油、面包用液体起酥油、蛋糕用液体起酥油。起酥油几乎可用于所有的食品，其中以加工糕点、面包、饼干的用途为最广。

（六）磷脂

磷脂即磷酸甘油酯，其分子式具有亲水基和疏水基，是良好的乳化剂。含油量较低的饼干，加入适量的磷脂，可以增强饼干的酥脆性，且方便操作，不发生粘辊现象。

二、油脂的作用

（一）起酥性

在调制酥性糕点和酥性饼干时，加入大量油脂后，由于油脂的疏水性，限制了面筋蛋白质的吸水作用。面团中含油越多其面粉吸水率越低，一般每增加1％的油脂，面粉吸水率相应降低1%。油脂能覆盖于面粉的周围并形成油膜，除降低面粉吸水率及限制面筋形成外，还由于油脂的隔离作用，使已形成的面筋不能互相黏合而形成大的面筋网络，也使淀粉和面筋之间不能结合，从而降低了面团的弹性和韧性，增加了面团的塑性，此外，油脂能层层分布在面团中，起到润滑作用，使面包、糕点、饼干产生层次，口感酥松，入口易化。

影响油脂起酥性的因素有以下几点：

① 油脂的用量越多，起酥性越好。

② 固态油比液态油的起酥性好。固态油中饱和脂肪酸占绝大多数，稳定性好。因此，制作起层次的酥性糕点使用奶油或起酥油。而制作一般酥性糕点，使用猪油是非常好的。

③ 温度低，油脂呈固态，增大其对面粉颗粒的覆盖面积，起酥性好。

④ 油脂和面团搅拌混合的方法及程度要恰当，乳化要均匀，投料顺序要正确。

⑤ 鸡蛋、乳化剂、乳粉等原料对增强起酥性有辅助作用。

起酥性是油脂在糕点、饼干等焙烤制品中所起的最重要的作用。

（二）可塑性

可塑性是人造奶油、奶油、起酥油、猪油的最基本特性。固态油在糕点、饼干面团中能呈片、条及薄膜状分布，就是由可塑性决定的，但在相同条件下液体油可能分散成点、球状。因此，固态油脂要比液态油能润滑更大的面团表面积。用可塑性好的油脂加工面团时，面团的延伸性好，制品的质地、体积和口感都比较理想。

（三）改善制品的风味与口味

油脂可以提高饼干、糕点的酥松程度，改善食品的风味。一般含油量高的饼干、糕点，酥松可口；含油量低的饼干显得干硬，口味不好。

（四）提高制品的营养价值

油脂发热量较高，每克油脂可产生热量37.6kJ，用于生产一些特殊的救生压缩饼干、含油量高的饼干，既可以满足热量供给又可以减轻食品重量，便于携带。

（五）充气性

油脂在空气中经高速搅拌起泡时，空气中的细小气泡被油脂吸入，这种性质称为油脂的充气性。油脂的充气性对食品质量的影响主要表现在酥性制品和饼干中，在调制酥性制品面团时，首先要搅拌油、糖和水，使之充分乳化。在搅拌时，油脂中结合了一定量的空气。油脂结合空气的量与搅拌程度和糖的颗粒状态有关。糖的颗粒越细，搅拌越充分，油脂中结合的空气就越多。当面团成型后进行烘烤时，油脂受热流散，气体膨胀并向两相的界面流动。此时由化学膨松剂分解释放出的CO_2及面团中的水蒸气，也向油脂流散的界面聚集，使制品碎裂成很多孔隙，成为片状或椭圆形的多孔结构，使产品体积膨大、酥松。添加油脂的面包组织均匀细腻，质地柔软。

油脂的充气性与其成分有关。起酥油的充气性比人造奶油好，猪油的充气性较差。此外，还与油脂的饱和程度有关，饱和程度越高，搅拌时吸入的空气量越多。故糕点、饼干生产最好使用氢化起酥油。

（六）控制面团中面团的胀润度，提高面团可塑性

油脂具有调节饼干面团胀润度的作用，在酥性面团调制过程中，油脂形成一层油膜包在面粉颗粒外面，由于这层油膜的隔离作用，使面粉中蛋白质难以充分吸水胀润，抑制了面筋的形成，可使饼干花纹清晰，不收缩变形。

由于油脂能抑制面筋形成和影响酵母生长，因此面包配料中油脂用量不宜过多，通常为面粉量的1%～6%，可以使面包组织柔软，表面光亮。

三、油脂的选择

（一）面包用油脂

面包生产可选用猪油、氢化起酥油、面包用人造奶油、面包用液体起酥油。这些油脂在面包中能均匀分散，润滑面筋网络，增大面包体积，增强面团持气性，不影响酵母发酵力，有利于面包保鲜。此外，还能改善面包内部组织、表面色泽，口感柔软，易于切片等。

（二）糕点用油脂

1. 酥性糕点

生产酥性糕点可使用起酥性好、充气性强、稳定性高的油脂，如猪油和氢化起酥油。

2. 起酥糕点

起酥糕点在生产时，应选择起酥性好、熔点高、可塑性强、涂抹性好的固体油脂，如高熔点人造奶油。

3. 油炸糕点

油炸糕点应选用发烟点高，热稳定性好的油脂。大豆油、菜籽油、米糠油、棕榈油、氢化起酥油等适用于炸制食品。近年来，国际上流行使用棕榈油作为炸油，该油中饱和脂肪酸多，发烟点和热稳定性较高。

4. 蛋糕

奶油蛋糕含有较高的牛奶、糖、鸡蛋、水分，应选用含有高比例乳化剂的起酥油或高级人造奶油。

（三）饼干用油脂

生产饼干用油脂首先应选用具有优良的起酥性和较高的氧化稳定性的油脂；其次是具备较好的可塑性。饼干的酥松性虽然有赖于酥松剂的正确使用、面筋的控制程度以及鸡蛋、磷脂的使用量等，但油脂的品种、用量也是影响饼干酥松度的重要

因素。猪油、奶油、人造奶油、起酥油等均有良好的起酥性,但猪油和奶油的氧化稳定性差,易酸败变质,不易储存,充气能力也很差。所以,目前生产饼干时仍以人造奶油和起酥油为主,特别是采用稳定性好的氢化起酥油。但若全部使用人造奶油和起酥油,饼干的风味又欠佳,故通常以人造奶油或起酥油为主,再酌量加入奶油和猪油等来调节产品风味。

酥性饼干用糖和油的量较大,由于调粉时间短,温度低,选用的油脂应能防止面团中产生油块或斑点结构。用于这类饼干的油脂不仅要求稳定性高,起酥性好,而且熔点也要高,否则由于含油量多易造成走油现象,使产品酥松度差,表面不光滑。这种油脂还需要有较宽的塑性范围,使面团在温度变化不太大的范围内尽可能保持其良好的加工性能,防止因升温而走油,因降温而硬结,以致影响加工及成品质量。因此,酥性饼干最理想的油脂是人造奶油及植物性起酥油或两者的混合物。

苏打饼干既要求产品酥松,又要求产品有层次。但苏打饼干含糖量很低,对油脂的抗氧化性协同作用很差,不易储存,因此,苏打饼干也宜采用起酥性与稳定性兼优的油脂。实践证明,猪油的起酥性很好,植物性起酥油虽能使饼干产生良好的层次,但酥松度较差。故常用植物性起酥油与优质的猪板油配合使用来互补不足。

第四节 蛋制品

蛋及蛋制品是焙烤制品中重要的原料之一,尤其是某些产品如蛋糕、蛋卷等是以蛋为主要原料加工而成的。蛋品对焙烤食品的生产工艺及改善制品的色、香、味、形和提高营养价值等方面都起到很大的作用。

一、蛋及蛋制品的种类

目前,在生产糕点制品时,我国常使用鲜蛋、蛋粉、冰蛋、蛋白片和湿蛋黄等蛋制品。

1. 鲜蛋

鲜蛋由蛋壳、蛋白及蛋黄三个主要部分构成。各构成部分的比例,由于产蛋季节、鸡的品种、饲养条件、饲料种类及质量等不同因素影响而不同。

2. 蛋粉

市场上主要销售全蛋粉,蛋白粉很少生产。蛋粉是将鲜蛋去壳后,经喷雾干燥制成的。由于蛋粉的含水量很低,经密封包装后,可以在常温下储存,随时取用,很方便。但是由于蛋粉经过120℃的高温处理,使蛋白质变性凝固,失去了它在生产中的膨松性能。因此,用它作为生产原料,制品的质量受到很大影响。受热变性凝固的蛋白质可逆性很小,甚至丧失了可逆性,因而蛋白质就不会再具有发泡性和乳化性等胶体性质。所以在有鲜蛋的情况下，一般都不用蛋粉。

3. 冰蛋

冰蛋分为冰全蛋、冰蛋黄与冰蛋白三种。我国目前生产较多的是冰全蛋、冰蛋黄。冰蛋是将鲜蛋去壳后，将蛋液搅拌均匀，放在盘模中经低温冻结而成。由于冰蛋在制造过程中采取速冻的方法，速冻温度在$-20\sim-18℃$，蛋液的胶体特性没有被破坏，因此，蛋液的可逆性大。在生产中只要把冰蛋融化后就可以进行调粉制糊，作用基本同新鲜蛋一样。

4. 蛋白片

蛋白片是焙烤食品的一种较好的原料。它能复原，重新形成蛋白胶体，具有新鲜蛋白胶体的特性，且方便运输与保管。

5. 湿蛋黄

生产中使用湿蛋黄要比使用蛋黄粉好，但远不如鲜蛋和冰全蛋，因为蛋黄中蛋白质含量低，脂肪含量较高，虽然蛋黄中脂肪的乳化性很好，但它本身是一种消泡剂，因此在生产中湿蛋黄不是理想的原料。

二、蛋的工艺性能

（一）蛋的 pH 值

新鲜蛋白液的 pH 值为 $7.2\sim7.6$，蛋黄液 pH 值为 $6.0\sim6.4$，全蛋呈中性。在储存中随着二氧化碳不断蒸发，蛋液的 pH 值不断升高。在生产中，利用 pH 值可以判别蛋液的新鲜程度。

（二）蛋白的起泡性

蛋白是一种亲水胶体，具有良好的起泡性，在糕点生产中具有重要意义，特别是在西点的装饰方面。蛋白经过强烈搅打，蛋白薄膜将混入的空气包围起来形成泡沫，由于受表面张力制约，迫使泡沫成为球形，由于蛋白胶体具有黏度和加入的原料附着在蛋白泡沫层四周，使泡沫层变得浓厚坚实，增强了泡沫的机械稳定性。制品在烘焙时，泡沫内的气体受热膨胀，增大了产品的体积，这时蛋白质遇热变性凝固，使制品膨松多孔并具有一定的弹性和韧性，因此蛋在糕点、面包中起到了膨松、增大体积的作用。

蛋白可以单独搅打成泡沫用于生产蛋白类糕点和西点，也可以全蛋的形式加入糕点中。欲使蛋白形成稳定的泡沫，必须有表面张力小及蒸气压力小的成分存在，同时泡沫表面成分必须能形成固定的基质。蛋白内的球蛋白的主要功能为降低表面张力，增加蛋白黏度，使之快速打入空气，形成泡沫。黏蛋白及其他蛋白搅拌时，受机械作用，泡沫表面变形，形成薄膜。蛋白经搅拌后，蛋白由浅白色逐渐变成不透明的白色，同时泡沫的体积和硬度增加。经过这个阶段，泡沫表面固化增加，变形增加，泡沫薄膜弹性减少，蛋白变脆，失去蛋白的光泽。搅打蛋白是糕点制作中的重要工序，有许多影响泡沫形成的因素。

① 黏度对蛋白的稳定影响很大，黏度大的物质有助于泡沫的形成和稳定。因为蛋白具有一定的黏度，所以打出的蛋白泡沫比较稳定。在打蛋白时常加入糖，这是因为糖具有黏度这一性质，同时糖还具有化学稳定性。需要指出的是，葡萄糖、果糖和淀粉糖浆都具有还原性，在中性和碱性情况下化学性质不稳定，受热易与蛋白质等含氮物质发生羰氨反应产生有色物质。蔗糖不具有还原性，在中性和碱性情况下化学稳定性高，不易与含氮物质起反应，故打蛋白时不宜加入葡萄糖、果糖和淀粉糖，要使用蔗糖，以防止变色。

② 油是一种消泡剂，因此搅打蛋白时要防止油进入。蛋黄和蛋白分开使用，就是因为蛋黄中含有油脂的缘故。油的表面张力很大，而蛋白气泡膜很薄，当油接触到蛋白气泡时，油的表面张力大于蛋白膜本身的延伸力而将蛋白膜拉断，气体从断口冲出，气泡会立即消失。

③ pH 值对蛋白泡沫的形成和稳定影响也很大。蛋白在 pH 值为 6.5~9.5 时形成泡沫的能力很强，但不稳定，在偏酸性情况下气泡较稳定。搅打蛋白时加入酸或酸性物质就是要调节蛋白的 pH，破坏它的等电点。因为在等电点时，蛋白的黏度最低，蛋白不起泡或气泡不稳定。生产上酸性磷酸盐、酸性酒石酸钾比醋酸及柠檬酸有效。

④ 温度对气泡的形成和稳定有直接关系。新鲜蛋白在 30℃时起泡性能最好，黏度亦最稳定，温度太高或太低均不利于蛋白的起泡。夏季气温较高，有时在 30℃时打不起泡，但短时将蛋白放入冰箱后再打蛋能起泡，这是因为夏季的温度在 30℃时，在打蛋过程中，搅拌桨的高速旋转与蛋白形成摩擦，产生热量，会使蛋白的温度大大超过 30℃，发泡性不好。短时放入冰箱后，将温度降下来再打则起泡性好。

蛋的质量直接影响蛋白的起泡性。新鲜蛋浓厚蛋白多，稀薄蛋白少，故起泡性好。陈旧的蛋则反之，起泡性差。特别是长期储存和变质的蛋起泡性最差。因为这样的蛋中蛋白质受到破坏，故起泡性差。

（三）蛋白的凝固性

蛋白对热敏感，受热后凝结变性。温度在 54~57℃时蛋白开始变性，60℃时变性加快，但如果在受热过程中将蛋急速搅动可以防止变性。蛋白内加入高浓度的砂糖能提高蛋白的变性温度。当 pH 值在 4.6~4.8 时变性最快，因为这正是蛋白内主要成分白蛋白的等电点。

蛋液在凝固前，它们的极性基如氨基、羧基等位于外侧，能与水互相吸引而溶解，当加热到一定温度时，弱键被分裂，肽键由折叠状态而呈伸展状态。整个蛋白质分子结构由原来的立体状态变成长的不规则状态，亲水基由外部转到内部，疏水基由内部转到外部。很多这样的变性蛋白质分子互相撞击而相互贯穿、缠结，形成凝固物体。

这种凝固物经高温烘焙便失去水成为带有脆性的凝胶片。因此常在面包、糕点表面涂上一层蛋液，烘焙呈光亮色，增加其外形美。

（四）蛋黄的乳化性

蛋黄中含有许多磷脂，磷脂具有亲油和亲水的双重性质，是一种理想的天然乳化剂。它能使油、水和其他材料均匀地分布在一起，促进制品组织细腻，质地均匀，松软可口，色泽良好，使制品保持水分，在储存期保持柔软。

（五）改善糕点、面包的色、香、味、形和营养价值

在面包、糕点的表面涂上一层蛋液，经烘焙后呈漂亮的红褐色，这是羰氨反应引起的褐变作用，即美拉德反应。加蛋的焙烤食品烤熟后具有特殊的蛋香味，并且结构膨松多孔、体积膨大而柔软。

蛋品中含有丰富的营养成分，提高了面包、糕点的营养价值。此外，鸡蛋和乳品在营养上具有互补性。鸡蛋中 Fe 相对较多，Ca 较少，而乳品中 Ca 相对较多，Fe 较少。因此，蛋品在焙烤食品中与乳品混合使用，在营养上可以互补。

第五节 乳及乳制品

乳制品是生产焙烤制品的重要辅料。乳制品不但具有很高的营养价值，而且在工艺性能方面也发挥了重要作用。随着人民生活水平的提高，用乳品制作的高营养、高质量的焙烤制品不断涌现，已成为重要的方便食品、保健食品、特别对促进儿童的生长发育具有突出的作用。

乳制品用于食品加工主要是牛乳（通常称牛奶）及其制品，如乳粉（通常称奶粉）等。

一、常用乳制品的种类及特性

（一）鲜牛乳

正常的鲜牛乳呈乳白色或白中稍带浅黄色，味微甜，稍有奶香味。牛乳是由多种物质组成的混合物，化学成分复杂，主要包括水、脂肪、蛋白质、乳糖、维生素、灰分和酶等。乳脂肪以脂肪球状态分散于乳浆中形成乳浊液。牛乳营养丰富，但由于水分含量高，在温度适宜时细菌繁殖较快，故不易保存。

（二）乳粉

乳粉以牛乳为原料，浓缩后经喷雾干燥制成。乳粉包括全脂乳粉和脱脂乳粉两大类。由于乳粉脱去了水分，因此比鲜奶耐储存。根据包装形式的不同，其保存期

少者几个月，多者可达几年，携带和运输方便。因乳粉可随时取用，不受季节限制，容易保持产品的清洁卫生，故在面包、糕点生产中被广泛应用。

乳粉的性质与原料乳的化学成分有密切关系。加工良好的乳粉不仅保持着鲜乳的原有风味，且按一定比例加水溶解后，其乳状液也和鲜乳极为接近，这一点与焙烤食品生产和产品质量有密切关系。

(1) 溶解性　乳粉溶解于水中的程度称为溶解性，这种性质与乳粉的质量关系很大，质量优良的乳粉可全部溶于水中。乳粉的溶解性与加工方法有密切关系，喷雾干燥法生产的乳粉，其溶解性为97%~99%。

(2) 吸湿性　各种乳粉，不论其加工方法如何，均有吸湿性。乳粉吸湿后会凝结成块，不利于储存，同时影响乳粉的溶解性，使其溶解性下降。

(3) 滋味　正常的乳粉带有微甜、细腻适口的滋味。由于乳粉具有吸收异味性，故原料乳的状况、加工方法、容器等均能影响乳的滋味。

（三）炼乳

炼乳分甜炼乳和淡炼乳两种，以甜炼乳销售量最大，在焙烤食品中使用较多。所谓甜炼乳即在原料牛乳中加入15%~16%的蔗糖，然后将牛乳的水分加热蒸发，浓缩至原体积的40%，即为甜炼乳。浓缩至原体积的50%且不加糖者为淡炼乳。甜炼乳利用高浓度蔗糖进行防腐，如果生产条件符合规定，包装卫生严密，在8~10℃下长时间储存也不腐败。由于炼乳携带和食用方便，因此，在缺乏鲜乳供应的地区，炼乳可作为焙烤食品生产的理想原料。炼乳在加工过程中由于加入了蔗糖，有一部分蛋白质受热变性，对酸的凝集性也有所改善，故消化率有所提高。由于加热处理使维生素有所损失，特别是维生素C和B族维生素，损失较为明显，与鲜乳相比损失可达20%~50%。几种乳制品的化学成分见表2-21。

表2-21　几种乳制品的化学成分　　　　　　　　　（单位：%）

名　称	水　分	蛋白质	脂　肪	乳　糖	矿物质
全脂乳粉	2~4	26~30	25~30	36~38	5~9
甜炼乳	28	8.2	9.2	53（包括蔗糖）	
淡炼乳	74	7.0	8.0	10	

（四）食用干酪素

食用干酪素是用优质脱脂乳为原料制成的，它的组成为：酪蛋白94%，钙2.9%，镁0.1%，有机磷酸盐1.4%，柠檬酸盐0.5%。这种可溶性食用干酪素可按5%~10%加入面粉中生产面包、糕点和饼干。

（五）干酪

干酪是用凝乳酶将原料乳凝集，再将凝块进行加工、成型和发酵而制成的一种乳制品。干酪的营养价值很高，其中含有丰富的蛋白质、脂肪和钙、磷、硫等矿物质及丰富的维生素。干酪在制造和成熟过程中，在微生物和酶的作用下，发生复杂的生物化学变化，使不溶性的蛋白质混合物转变为可溶性物质，乳糖分解为乳酸与其他混合物。这些变化使干酪具有特殊的风味，并促进消化吸收率的提高，干酪是面包、糕点、饼干的重要营养强化物质。

二、乳制品的作用

（一）提高面团的吸水率

乳粉中含有大量蛋白质，其中酪蛋白占总蛋白质含量的75%～80%。酪蛋白的含量影响面团的吸水率。乳粉的吸水率约为乳粉量的100%～125%。因此，每增加1%的乳粉，面团吸水率就要相应增加1%～1.25%。

（二）提高了面团筋力和搅拌耐力

乳粉中虽无面筋性蛋白质，但含有的大量乳蛋白对面筋具有一定的增强作用，能提高面团筋力和强度，使面团不会因搅拌时间延长而导致搅拌过度，尤其对于低筋面粉更为有利。加入乳粉的面团更能适应高速搅拌，高速搅拌能改善面包的组织和体积。

（三）提高面团的发酵耐力

乳粉可以提高面团发酵耐力，不至于因发酵时间延长而成为发酵过度的老面团，其原因如下：

① 乳粉中含有大量蛋白质，对面团发酵过程中 pH 的变化具有缓冲作用，使面团的 pH 不会发生太大的波动和变化，保证面团的正常发酵。例如，无乳粉的面团发酵前 pH 值为 5.8，经 45min 发酵后，pH 值下降到 5.1，含乳粉的面团发酵前 pH 值为 5.94，45min 发酵后，pH 值下降到 5.72。前者下降了 0.7，而后者仅下降了 0.22。

② 乳粉可抑制淀粉酶的活力。因此，无乳粉的面团发酵要比有乳粉的面团发酵快，特别是低糖的面团。面团发酵速度适当放慢，有利于面团均匀膨胀，增大面包体积。

③ 乳粉可刺激酵母内酒精酶的活力，提高糖的利用率，有利于二氧化碳的产生。

（四）乳粉是焙烤制品的着色剂

乳粉中唯一的糖就是乳糖，大约占乳总量的30%。乳糖具有还原性，不能被酵母所利用，因此，发酵后仍全部残留在面团中。在烘焙期间，乳糖与蛋白质中的氨基酸发生褐变反应，形成诱人的色泽。乳粉用量越多，制品的表皮颜色就越深。乳糖的熔点较低，在烘焙期间着色快。因此，凡是使用较多乳粉的制品，都要适当降低烘焙温度和延长烘焙时间。否则，制品着色过快，易造成外焦内生。

（五）改进制品的工艺性能

由于乳中含有磷脂，是一种很好的乳化剂。乳还具有起泡性，因此，乳加入焙烤制品中可以促进面团中油与水的乳化，改进面团的胶体性能，同时提高了面筋筋力、胀润度，改善了面团发酵耐力和持气性，使面团不易收缩，促进面团结构的膨松柔软、形态完整。

（六）延缓制品的老化

乳粉中含有大量蛋白质，使面团吸水率增加，面筋性能得到改善，面包体积增大，这些因素都使制品老化速度减慢，延长制品保鲜期。

（七）提高了制品的营养价值

面粉是焙烤制品的主要原料。但面粉在营养上的不足是赖氨酸、维生素含量很少。乳粉中含有丰富的蛋白质和几乎所有的必需氨基酸，维生素和矿物质也很丰富。由于乳脂肪作用，易被人体消化吸收，若加入焙烤制品中，不仅能提高制品的营养价值，而且能使制品颜色洁白，滋味香醇，促进食欲。

三、对乳制品的质量要求

乳制品是营养丰富的食物，也是微生物生长良好的培养基，要保证产品的质量，必须注意乳品的质量及新鲜程度，对于鲜乳要求酸度在18°T以下。对乳制品要求无异味，不结块发霉，不酸败，否则乳脂肪会由于霉菌污染或细菌感染而被解脂酶水解，使存放较久的产品变苦。

乳粉对面粉营养价值的影响见表2-22。

表2-22　乳粉对面粉营养价值的影响

营养成分	100份面粉	6份乳粉	面粉乳粉混合物
蛋白质/份	12	2.3	14.3
赖氨酸/份	0.25	0.16	0.41
矿物质/份	0.42	0.5	0.92
钙/份	0.02	0.09	0.11

第六节　膨　松　剂

在焙烤制品生产中，能够使食品体积膨大、组织膨松的一类物质称为膨松剂，生产中常用的膨松剂大致可分为两大类，即化学膨松剂和生物膨松剂。

膨松剂的特点就是使食品体积膨大、组织膨松，膨松剂使食品体积膨大有下列四种方法：

① 由机械作用将空气充入并保存在面团或面糊内。例如制作蛋糕打蛋时，空气被打蛋机高速旋转而大量充入蛋液内，使蛋糕体积膨大。

② 酵母在面团内繁殖发酵产生二氧化碳气体使食品体积膨大。

③ 化学膨松剂如小苏打、发酵粉等受热分解或经中和反应而产生二氧化碳气体。

④ 面团或面糊中的水分受热变为水蒸气而使食品膨大。

一、化学膨松剂

饼干、糕点生产大部分采用化学膨松剂，这是由于它们的配料中糖、油含量较高，会影响酵母正常生长，另一方面使用化学膨松剂生产过程简单。下面就介绍几种化学膨松剂的性质及膨松作用。

（一）碳酸氢钠

碳酸氢钠俗称小苏打，分子式为 $NaHCO_3$，白色粉末，俗称小起子。它是一种碱性盐，在食品受热过程中分解产生 CO_2。分解温度为 60~150℃，产生气体量约为 $261 cm^3/g$。在270℃时失去全部气体，受热时的反应式如下：

$$2NaHCO_3 \xrightleftharpoons{\triangle} Na_2CO_3 + CO_2\uparrow + H_2O$$

若面团的 pH 值低，酸度高，小苏打生成物中有碱性物质存在，使成品 pH 值升高，内外部颜色加深，破坏组织，形状不良，所以要控制制品碱度不超过 0.3%。

小苏打在生产中主要起水平膨胀作用，俗称起"横劲"，可用于桃酥一类糕点。小苏打在糕点中膨胀速度缓慢使制品组织均匀。

（二）碳酸氢铵

碳酸氢铵为白色结晶，俗称"臭碱"，大起子。分解温度为 30~60℃，产生气体量为 $700 cm^3/g$，在常温下分解产生剧臭气味，应妥善保管，分解反应式如下：

$$NH_4HCO_3 \Longrightarrow NH_3\uparrow + CO_2\uparrow + H_2O$$

从反应式可看出，与小苏打比较，碳酸氢铵产生二氧化碳和氨气两种气体。因此其膨胀力比小苏打强，上冲力大，俗称起"顺劲"。

碳酸氢铵在制品烘烤中几乎全部分解，其产物大部分逸出而不影响口味。其膨松能力比碳酸氢钠高 2~3 倍。由于它的分解温度较低，所以制品刚入炉就分解，如果添加量过多，会使饼干过酥或四面开裂，会使蛋糕糊飞出模子。由于其分解过早，往往在制品定型之前连续膨胀，所以习惯上将它与小苏打配合使用。这样既有利于控制制品膨松程度，又不至于使饼干内残留过多碱性物质。使用时，如遇到结块，要将其粉碎，然后用冷水溶解，防止大颗粒混入面团中，否则会使制品产生麻点。碳酸氢钠与碳酸氢铵的使用总量，以面粉计约为0.5%~1.2%。

碳酸氢铵分解温度较低，不适宜在较高温度的面团和面糊中使用。它的生成物之一是氨气，可溶于水中，产生臭味，影响食品风味和品质，故不适宜在含水量较高的产品中使用。而在饼干中使用则无此问题。另外，碳酸氢铵分解产生的氨气对人体嗅觉器官有强烈的刺激性。此外，它在糕点饼干中膨胀速度过快，常使制品组织不均匀、粗糙。

（三）发酵粉

发酵粉俗称泡打粉、发粉和焙粉。由于小苏打和碳酸氢铵在作用时都有明显的缺点，后来人们研究用小苏打时加上酸性材料，如酸牛奶、果汁、蜂蜜、转化糖浆等来产生膨松作用。进而人们根据酸碱中和的原理来配制现在使用的发酵粉。

1. 发酵粉的成分

发酵粉主要由碱性物质、酸式盐和填充物三部分组成。碱性物质唯一使用的是小苏打。填充物可用淀粉或面粉，用于分离发酵粉中的碱性物质和酸式盐，防止它们过早反应，又可以防止发酵粉吸潮失效。

2. 发酵粉配制和作用原理

发酵粉是根据酸碱中和反应的原理而配制的。随着面团和面糊温度的升高，酸式盐和小苏打发生中和反应，产生的二氧化碳使糕点、饼干膨大膨松。

3. 发酵粉的分类

发酵粉作用的快慢主要由酸式盐的种类来决定。因此，发酵粉可分为快速、慢速和复合型三种。

（1）快速发酵粉　即在常温下发生中和反应释放出二氧化碳的发酵粉。这类发酵粉的酸式盐有酒石酸氢钾、酸式磷酸钙等。快速发酵粉因释放二氧化碳太快，故在生产中一般不使用。

（2）慢速发酵粉　在常温下很少释放出二氧化碳的发酵粉。这类发酵粉中的酸式盐有酸式焦磷酸盐、磷酸铝钠、硫酸铝钠等。慢速发酵粉由于在常温下很少释放二氧化碳，主要在入炉后产生，故也很少单独使用。

（3）复合型发酵粉　在糕点、饼干中常用的发酵粉是由快速和慢速发酵粉混合而成的。这种发酵粉在常温下释放出约1/5~1/3的气体，另外4/5~2/3的气体在烤炉内释放。

4. 发酵粉的特点

由于发酵粉是根据酸碱中和反应的原理配制的，因此它的生成物呈中性，避免了小苏打和臭碱各自使用时的特点。用发酵粉制作的产品组织均匀，质地细腻，无大孔洞，颜色正常，风味纯正。目前在国外基本上使用发酵粉作为膨松剂，在我国南方使用较多。

二、生物膨松剂

酵母是一种单细胞生物,属真菌类,学名为啤酒酵母。酵母的形态、大小随酵母的种类不同而有差异,一般为圆形、椭圆形等。酵母的化学组成为蛋白质52.41%,油脂1.72%,肝糖30.25%,半纤维素6.88%,灰分8.74%。因此,酵母含有丰富的蛋白质和矿物质,这是面包营养价值较高的重要原因。

(一) 酵母的繁殖及所需营养

酵母繁殖速度受营养物质、温度等环境条件的影响,其中营养物质是重要因素。酵母所需的营养物质有氮、碳、无机盐和生长素等。作为酵母生长的能量来源——碳源,主要来自面团中的糖类;氮源主要用于酵母细胞合成所需的蛋白质及核酸,其主要来源于各种面包添加剂中的铵盐,如氯化铵、硫酸铵等;无机盐用于酵母细胞的组成,能产生渗透作用,有利于营养物质渗透进入细胞内,常用的无机元素有镁、磷、钾、钠、硫、铜、铁、锌等;维生素是促进酵母生长的重要物质,如维生素B_1、维生素B_2等。

现代面包生产技术都采用了多功能的面包添加剂来改善其产品质量。目前国内外生产的面包添加剂中都含有酵母的营养成分,以促进酵母的繁殖和发酵。

(二) 影响酵母活性的因素

1. 温度

酵母生长的适宜温度在27~32℃之间,最适温度为27~28℃。因此,面团前发酵时应控制发酵室温在30℃以下。在27~28℃范围内主要是使酵母大量增殖,为面团最后醒发积累后劲。酵母的活性随着温度升高而增强,面团内的产气量也大量增加,当面团温度达到38℃时,产气量达到最大。因此,面团醒发时要控制在38~40℃之间,温度太高,酵母衰老快,也易产生杂菌。在10℃以下,酵母活性几乎完全丧失。故在面包生产中,不能用冷水直接与酵母接触,以免破坏酵母的活性。

2. pH值

酵母适于在酸性条件下生长,在碱性条件下其活性大大减小。一般面团的pH值控制在5~6之间。pH值低于2或高于8,酵母活性都将大大受到抑制。

3. 渗透压

酵母细胞外围有一半透性细胞膜,外界浓度的高低影响酵母细胞的活性。在面包面团中都含有较多的糖、盐等成分,均产生渗透压。渗透压过高,会使酵母体内的原生质和水分渗出细胞膜,造成质壁分离,使酵母无法维持正常的生长直至死亡。

酵母对糖的适应能力是酵母的重要质量指标,不同的酵母其耐糖性不同,故用途也不同。糖在面团中超过6%,对酵母活性具有抑制作用,低于6%则有促进发酵的作用。蔗糖、葡萄糖、果糖比麦芽糖产生的渗透压要大。有些酵母耐糖性很低，适用于制作低糖的主食面包。在实际生产中一定要根据面包的品种来正确选用酵母。例如，目前国内流行使用的即发干酵母、法国燕牌酵母、梅山牌酵母等，均有适用于高糖和低糖的，如果选用错误，必出质量事故。

盐是高渗透物质，盐的用量越多，对酵母的活性及发酵速度抑制越大。盐的高渗透压作用在面包生产中具有重要意义，利用这一特性，可控制、调节面团的发酵速度，防止面团发酵过快，有利于面包组织的均匀细腻。故不加盐的面团发酵速度很快，面包组织非常粗糙，气孔较多。盐的用量超过1%时，即对酵母活性有明显抑制作用。不同种类的酵母耐渗透压的能力也不同。干酵母要比鲜酵母具有较强的耐渗透压能力。

4. 水

水是酵母生长繁殖所必需的物质，许多营养物质都需要借助于水的介质作用而被酵母吸收。因此，调粉时加水量较多，调制成的较软的面团，发酵速度较快。

5. 营养物质

影响酵母活性的最重要营养源是氮源。因此，目前国内外研制的面包添加剂中都含有硫酸铵和氯化铵等铵盐，能在发酵过程中提供氮源，促进酵母繁殖、生长和发酵。

（三）酵母的种类及其使用方法

1. 鲜酵母

鲜酵母又称压榨酵母，它是酵母在糖蜜等培养基中经过扩大培养和繁殖，并分离、压榨而成。鲜酵母具有以下特点：

① 活性不稳定，发酵力不高，发酵产气量为600~800ml。活性和发酵力随着储存时间的延长而大大降低。因此，鲜酵母随着储存时间的延长，需要增加其使用量，使成本升高，这是鲜酵母的最大缺点。

② 不易储存。需在0~4℃的低温冰箱中储存，增加了设备投资和能源消耗。若在高温下储存，鲜酵母很容易腐败变质和自溶。低温下可储存3周左右。

③ 使用方便。使用前一般需用水活化，但如果使用高速调粉机则不用活化，目前国内无高速调粉机。

目前，鲜酵母有被干酵母逐渐取代的趋势。

2. 活性干酵母

活性干酵母是由鲜酵母经低温干燥而制成的颗粒酵母，它具有以下特点：

① 使用比鲜酵母更方便。

② 活性很稳定，发酵力很高，发酵产气量达1300ml。因此，使用量也很稳定。

③ 不需低温储存，可在常温下储存一年左右。

④ 使用前需用温水活化。

⑤ 缺点是成本较高。

我国目前已能生产高活性干酵母，但使用不普遍。

3. 即发活性干酵母

即发活性干酵母是近些年来发展起来的一种发酵速度很快的高活性新型干酵母，主要生产国是法国、荷兰等国。近年来，我国广州等地也与外国合资生产即发活性干酵母。它与鲜酵母、活性干酵母相比，具有以下鲜明特点：

① 采用真空密封包装，包装后很硬。如果包装变软，则说明包装不严、漏气。

② 活性远远高于鲜酵母和活性干酵母，发酵力高，发酵产气量高达 1300～1400ml。因此，在面包中的使用量要比鲜酵母和活性干酵母低。

③ 活性特别稳定，在室温条件下密封包装储存可达两年左右，储存三年仍有较高的发酵力。因此，不需低温储存。

④ 发酵速度很快，能大大缩短发酵时间，特别适合于快速发酵法生产面包。

⑤ 成本价格较高，但由于发酵力高，活性稳定，使用量少，故大多数厂家仍喜欢使用。

⑥ 使用时不需活化，但要注意添加的顺序。应在所有原、辅料搅拌 2～3min 后将即发活性干酵母加入，可混入干面粉中。要特别注意不能直接接触冷水，否则将严重影响酵母的活性。

不同种类的即发活性干酵母其特性也不同，使用时应掌握不同酵母的特性和使用方法。即发活性干酵母可以用于快速发酵法、一次发酵法和二次发酵法生产面包。

（四）酵母的使用量

在所有市售酵母中，即发干酵母的活性和发酵力最高，其次是活性干酵母，最差的是鲜酵母。酵母的使用量与其活性、发酵力有关。活性高、发酵力大，使用量就少。

酵母的使用量除了与其活性、发酵力有关外，还与下列因素有直接关系。

（1）配方 配方中糖、盐用量多，产生高渗透压；面粉筋力大，乳粉、鸡蛋用量多，面团发酵耐力提高，酵母用量应增加，反之应减少。故低糖、辅料少的主食面包酵母用量少，而高糖、辅料多的点心面包酵母用量多。

（2）温度 发酵温度高，发酵快，酵母用量应少，反之应多。

（3）面团软硬度 加水量较多的软面团，发酵速度较快，酵母用量应少，反之硬面团酵母用量应多。此外，还与机械和手工生产、水质等因素有关。

第七节 食 盐

食盐是制作焙烤食品的基本原料之一，虽用量不多，但不可缺少。例如生产面包时可以没有糖，但不可以没有盐。

一、食盐的类别和化学成分

我国的食盐根据来源不同，可分为海盐、矿盐、井盐和湖盐等，其中以海盐产量最多，占总产量的75%～80%，海盐按其加工不同，又可分为原盐、洗涤盐、精制盐。

食盐的主要成分是氯化钠。除此之外，还含有水分、氯化镁、氯化铁等。精盐含有90%以上的氯化钠，质量较纯；粗盐中因含硫酸盐多，使盐味道发苦、涩，且对发酵不利，因此，选择食盐时一定要看其纯度，其次是溶解速度。制焙烤食品以使用精盐和溶解速度最快的盐为佳。

二、食盐的作用

1. 改善成品的风味

食盐是一种调味物质，能刺激人的味觉神经。它可引出原料的风味，衬托发酵产生的酯香味，与砂糖的甜味互相补充，甜而鲜美、柔和。

2. 调节和控制发酵速度

食盐的用量超过1%时，则产生明显的渗透压，对酵母发酵有抑制作用，降低发酵速度。因此，可以通过增加或减少配方中食盐的用量来调节和控制面团发酵速度。如果面包不加食盐，会使酵母繁殖过快，面团发酵速度过快，面筋网络不能均匀膨胀，局部组织气泡多、气压高，面筋过度延伸，极易造成面团破裂、跑气而塌陷，制品组织不均匀，有大气孔，粗糙无光泽。如果加入一定量食盐，使酵母活性受到一定程度的抑制，就会使面团内产气速度缓慢，气压均匀，使整个面筋网络均匀膨胀，延伸，面包体积大、组织均匀，无大孔洞。

3. 增强面筋筋力

食盐可使面筋质地变密，增强面筋的立体网状结构，易于扩展延伸。同时，能使面筋产生相互吸附作用，从而增加面筋的弹性。因此，低面筋面粉可使用较多的食盐，高面筋面粉则少用，以调节面粉筋力。

4. 改善制品的内部颜色

食盐虽然不能直接漂白制品的内部组织，但由于食盐改善了面筋的立体网状结构，使面团有足够的能力保持二氧化碳。同时，食盐能够控制发酵速度，使产气均匀，面团均匀膨胀、扩展，使制品内部组织细密、均匀，气孔壁薄呈半透明，阴影少，光线易于通过气孔壁膜，故制品内部组织色泽变白。

5. 增加面团调制时间

如果调粉开始时即加入食盐，会增加面团调制时间50%～100%。

三、食盐的用量

制品中的食盐用量应从以下几方面考虑：
① 低筋面粉食盐用量应多，高筋面粉食盐用量应少。
② 配方中糖的用量较多，食盐用量应减少，因二者均产生渗透压作用。
③ 配方中油脂用量较多，食盐用量应增加。
④ 配方中乳粉、鸡蛋、面团改良剂用量较多时，食盐用量应减少。
⑤ 夏季温度较高时，应增加食盐用量，冬、秋季温度较低时，食盐用量应减少。
⑥ 水质较硬时，应减少食盐用量，水质较软时，应增加食盐用量。
⑦ 需要延长发酵时间，可增加食盐用量，需要缩短发酵时间，则应减少食盐用量。

四、食盐的添加方法

无论采用什么制作方法，食盐都要采用后加法，即在面团搅拌的最后阶段加入。一般在面团的面筋扩展阶段后期，即面团不再黏附调粉机缸壁时，食盐作为最后加入的原料，然后搅拌5~6min即可。
一次发酵法和快速发酵法的加食盐方法见上述要求，而二次发酵法则需在主面团的最后调制阶段加入。

第八节 水

水是焙烤食品的生产原料之一，其用量要占面粉的50%以上，仅次于面粉而居第二位。因此，正确认识和使用水，是保证产品质量的关键。

一、水的作用

水在焙烤食品中主要有以下作用。
① 水化作用。通过适当的加水调粉可使蛋白质充分吸水、胀润形成面筋网络，构成制品的骨架。可使淀粉吸水糊化，有利于人体消化吸收。
② 溶剂作用。溶解各种干性原辅料，充分混合，成为均匀一体的面团。
③ 调节和控制面团的黏稠度。
④ 调节和控制面团的温度。

⑤ 有助于生物反应。一切生物活动均需在水溶液中进行，生物化学的反应，包括酵母发酵，都需要有一定量的水作为反应介质及运载工具，尤其是酶反应。水可促进酵母的生长及酶的水解作用。

⑥ 延长制品的保鲜期。

⑦ 作为烘焙中的传热介质。

二、水的分类

（一）水的分类

1. 软水

只含少量可溶性钙盐和镁盐的天然水，或是经过软化处理的硬水。天然软水一般指江水、河水、湖（淡水湖）水。经软化处理的硬水指钙盐和镁盐含量降为1.0~50mg/L 后得到的软化水。

2. 硬水

溶有较多钙盐和镁盐的天然水。在硬水中钙、镁常以碳酸盐、酸式碳酸盐、硫酸盐、硝酸盐和氯化物的形式存在。如果硬水中的钙和镁主要以酸式碳酸盐的形式存在，就称为暂时硬水，这种水经煮沸能分解成碳酸盐沉淀而软化。如果硬水中的钙和镁主要以硫酸盐、硝酸盐和氯化物的形式存在，则称为永久硬水，这种水不能用煮沸法软化。硬水的钙盐和镁盐能与肥皂发生化学反应，降低肥皂的去污能力。如锅炉内使用硬水，会在锅炉内壁结成水垢，阻碍了管道传热，多消耗燃料，缩短锅炉使用寿命。甚至会引起锅炉爆炸。通常用硬度表示硬水中的含盐量，把每升水中含相当于 10mg CaO 称为 1 度。一般地下水（如井水、泉水）硬度较大，地表水（如河水、湖水）硬度较小。生活饮用水的硬度要求小于 25 度。许多工业部门、科研单位常用化学药剂（如石灰、纯碱等）或离子交换剂软化硬水，把硬水中的钙盐和镁盐降低或使之消失而变成软水。

3. 碱性水

碱性水为 pH 值大于 7 的水。

4. 酸性水

酸性水为 pH 值小于 7 的水。

5. 咸水

咸水为含有较多氯化钠的水。

（二）水的硬度表示方法

我国曾以德国度表示水的硬度，符号为 °d，1°d 是指 1L 水含有相当于 10mg CaO 的量。水质硬度的法定计量单位为 mmol/L，即以水中 Ca^{2+} 和 Mg^{2+} 的浓度（mmol/L）表示。1°d=0.35663mmol/L。

极软水	0~1.43mmol/L	(0~4°d)
软水	1.43~2.86mmol/L	(4~8°d)
中硬水	2.86~4.29mmol/L	(8~12°d)
较硬水	4.29~6.43mmol/L	(12~18°d)
硬水	6.43~10.71mmol/L	(18~30°d)
极硬水	10.71mmol/L 以上	(30°d 以上)

三、水质对食品品质的影响及处理方法

水中的矿物质一方面可提供酵母营养，另一方面可增强面筋韧性，但矿物质过量的硬水，会导致面筋韧性太强，反而抑制发酵，与添加过多面团改良剂的现象相似。

1. 硬水

水质硬度太高，易使面筋硬化，过度增强面筋的韧性，会抑制面团发酵，产品体积小，口感粗糙，易掉渣。遇到硬水，可采用煮沸的方法降低其硬度。在工艺上可采用增加酵母用量，减少面团改良剂用量，提高发酵温度，延长发酵时间等。

2. 软水

易使面筋过度软化，面团黏度大，吸水率下降。虽然面团内的产气量正常，但面团的持气性却下降，面团不易起发，易塌陷，体积小，出品率下降，影响效益。

国外改良软水的方法主要是添加含有定量的各种矿物质的添加剂，如碳酸钙、硫酸钙等钙盐，以达到一定的水质硬度。

3. 酸性水

水的 pH 呈微酸性，有助于酵母的发酵作用，但若酸性过大，即 pH 值过低，则会使发酵速度太快，并使面筋软化，导致面团的持气性差，面包酸味重，口感不佳，品质差。酸性水在使用前可用碱来中和。

4. 碱性水

水中碱性物质会中和面团中的酸度，得不到所需的面团 pH，抑制了酶的活力，影响面筋成熟，延缓发酵，使面团变软。如果碱性过大，还会溶解部分面筋，使面筋变软，面团弹性降低，从而影响面团的持气性，制品颜色发黄，内部组织不均匀，并有不愉快的异味。在使用这种水时，可通过加入少量醋酸、乳酸等有机酸来中和碱性物质，或增加酵母用量。

四、食品用水的选择

面包生产用水的选择，首先应达到下述要求：透明、无色、无臭、无异味，无有害微生物、无致病菌的存在。在实际生产中，面包用水的 pH 值为 5~6。水的

硬度以中硬度为宜。

糕点、饼干中用水量不多，对水质要求不如面包那样严格，只要符合饮用水标准即可。

第九节　其他辅料及添加剂

一、改良剂

焙烤制品加工过程中，面团的性能对产品质量的好坏及生产操作的顺利进行起着关键性影响。因此，常常在配料中添加少量化学物质来调节面团的性能，以达到适合工艺需要，提高产品质量的目的，此类化学物质称为面团改良剂。

（一）乳化剂

乳化剂是一种多功能的表面活性剂，可在许多食品中使用。由于它具有多种功能，因此也称为面团改良剂、保鲜剂、抗老化剂、柔软剂、发泡剂等。

1. 乳化剂在食品中的作用

（1）乳化作用　许多食品如糕点、饼干、奶油蛋糕、冰激凌等，含有大量油和水。众所周知，油和水都具有较强的表面张力，互不相溶而形成明显的分界面。即使加以搅拌，一旦静置还会出现分层，形成不了均匀、稳定的乳浊液，因此，严重影响食品的质量，使产品质地不细腻，组织粗糙，口感差，易老化。如果在生产中加入少量乳化剂，经过搅拌混合，油就会变成微小粒子分散于水中而形成稳定的乳浊液。

（2）面团改良作用

① 面团调制阶段。提高面团弹性、韧性、强度和搅拌耐力；增强面团机械加工耐力，减小面团损伤程度；使各种原辅料分散混合均匀，形成均质的面团；提高面团吸水率；使面团干燥、柔软，具有延伸性。

② 面团发酵阶段。提高发酵耐力，改善面团的持气性。

③ 静置阶段。提高面团对静置时间的耐力，没有严格的时间要求，有利于生产加工。

④ 分块阶段。面团不发黏，有利于分块。

⑤ 搓圆阶段。防止面团机械损伤。

⑥ 醒发阶段。提高了面团醒发耐力和抗机械冲撞、震动的耐力。面团醒发成熟后必须及时入炉烘焙，否则极易塌陷。醒发后面团表面形成一层薄膜，内部包含着大量气体，然后经过传送带或架子车送入烤炉。在传送过程中必然产生机械冲撞和震动，易使面团变形、收缩、泄气而无法烘焙。加入乳化剂后提高了面团醒发耐力和抗震动的能力，保证了面包的正常生产。

⑦ 烘焙阶段。增大了制品体积，防止塌陷。

⑧ 面包制品。增大了面包体积和柔软度，改善了内部组织，均匀、细腻，壁薄有光泽，延缓了面包老化，增强了切片性和边壁强度，提高了堆积能力，有利于面包的包装、堆放和运输。

（3）抗老化保鲜作用　谷物食品如面包、馒头、米饭等放置几天后，由软变硬，组织松散、破碎、粗糙，弹性和风味消失，这就是老化现象。谷物食品的老化主要是由淀粉引起的。实践证明，延缓面包等食品老化的最有效办法就是添加乳化剂。乳化剂抗老化保鲜的作用与直链淀粉和自身的结构有密切关系。

（4）发泡作用　蛋糕、蛋白膏等在制作时都需要充气发泡，以得到膨松的结构。泡沫形成的多少和是否稳定，是发泡食品质量的关键。

2. 乳化剂的使用方法

乳化剂使用正确与否，直接影响到其作用效果。在使用时应注意下面几点：

（1）乳浊液的类型　在食品的生产过程中，经常用到两种乳浊液，即水/油型和油/水型。乳化剂是一种两性化合物，使用时要与其亲水-亲油平衡值（即HLB值）相适应。通常情况下，HLB<7的用于水/油型；HLB>7的用于油/水型。

（2）添加乳化剂的目的　乳化剂一般都具有多功能性，但都具有一种主要作用。如添加乳化剂的主要目的是增强面筋，增大制品体积，就要先用与面筋蛋白质复合率高的乳化剂，如硬脂酰乳酸钠（SSL）、硬脂酰乳酸钙（CSL）等。若添加目的主要是防止食品老化，就要选择与直链淀粉复合率高的乳化剂，如各种饱和的蒸馏单甘油酸酯等。

（3）乳化剂的添加量　乳化剂在食品中的添加量一般不超过面粉的1%，通常为0.3%～0.5%。如果添加目的主要是乳化，则应以配方中的油脂总量为添加基准，一般为油脂的2%～4%。

（4）乳化剂的复合使用　将几种不同的乳化剂混合加入食品中，则制得的乳浊液就比较稳定。这是因为在复合乳化剂中，一部分是水溶性的，而另一部分是油溶性的。这两部分在界面上吸附后即形成"复合物"，分子定向排列比较紧密，界面膜是一混合膜，具有较高的强度。乳化剂复合使用具有下列优点：

① 更有利于降低界面张力，甚至能达到零，界面张力越低，越有利于乳化。

② 由于界面张力降低，界面吸附增加，分子定向排列更加紧密，界面膜强度大大增加，防止了液滴的聚集倾向，有利于乳浊液的稳定。

由此可见，使用复合乳化剂形成界面复合物，是提高乳化效果，增强乳浊液稳定性的有效方法，因为复合乳化剂要比单一乳化剂具有更好的表面活性。目前，国内外都在积极研制和推广应用复合型乳化剂。

（二）氧化剂

氧化剂是指能够增强面团筋力、提高面团弹性、韧性和持气性，增大产品体积的一类化学合成物质。

1. 氧化剂在面团中的作用机理

（1）氧化硫氢基团形成二硫键　面筋蛋白质中含有两种基团，即—SH 和—S—S—。如果二硫基团越多，则蛋白质分子越大，即二硫基团可使许多蛋白质分子互相结合起来形成大分子网络结构，增强面团的持气性、弹性和韧性。

（2）抑制蛋白酶活力　面粉蛋白质组成中的半胱氨酸，含有—SH 基团，它是蛋白酶的激活剂。在面团调制过程中被—SH 基团激活的蛋白酶强烈分解面粉中的蛋白质，使面团的筋力下降。加入氧化剂后，—SH 基团被氧化失去活性，丧失了激活蛋白酶的能力，从而保护了面团的筋力和工艺性能。

（3）面粉漂白　面粉中含有胡萝卜素、叶黄素等植物色素，使面粉颜色灰暗，无光泽。加入氧化剂后，这些色素被氧化褪色而使面粉变白。

（4）提高蛋白质的黏结作用　氧化剂可使不饱和的面粉类脂物氧化成二氢类脂物，二氢类脂物可更强烈地与蛋白质结合在一起，使整个面团体系变得更牢固，更有持气性及良好的弹性和韧性。

2. 氧化剂的种类及使用量

目前国内外常用的氧化剂的种类、最大用量、反应速率及最终产物见表 2-23。

表 2-23　常用氧化剂

氧化剂名称	反应速率	最终产物	最大使用量/(mg/kg)
$KBrO_3$	慢	$KBr+3O$	75
$Ca(BrO_3)_2$	慢	$CaBr_2+6O$	75
KIO_3	快	$KI+3O$	75
$Ca(IO_3)_2$	快	CaI_2+6O	75
CaO	快	$Ca+O$	75
抗坏血酸	快	PAA-2H	无限制
偶氮甲酰胺	快	ADA-2H	45

从表 2-23 可以看出，氧化剂在面团中的作用的速度是不同的，分为快速型和慢速型。

快速型氧化剂：在面团调制阶段就开始氧化蛋白质中的—SH 基团，使之形成二硫键。

慢速型氧化剂：在面团调制阶段不起作用，而是随着面团温度的升高和 pH 值降低，在醒发工序的后期和入炉烘烤的前 5min 内开始氧化蛋白质中的—SH 基团。

氧化剂在反应速率上的差别对于面包的实际生产具有重要意义。因此，可以将快速型和慢速型氧化剂结合起来使用，特别是应用于机械化程度高，且对机械破坏大的面包生产上。

3. 氧化剂的使用方法

（1）氧化剂的添加方法　氧化剂一般很少单独添加使用，因为用量极少无法与面粉混合均匀，一般都是配成复合型的面包添加剂来使用，目前国内市场上已有几十种复合型的面包添加剂,如广州生产的"FE-12"、"面包高效保鲜剂"、"KD-4"等。其中主要成分包括氧化剂(溴酸钾)、乳化剂、抗坏血酸、酶制剂、填充剂等。大量生产实践证明,将几种氧化剂和其他添加剂复合使用,可以大大提高氧化剂的作用效果。例如溴酸钾和抗坏血酸复合使用就比单独使用时效果更佳。

目前,国际烘焙业有一种趋势,就是碘酸盐正在被其他氧化剂所代替,有的国家甚至不允许使用。因为从医学角度来说,大量碘酸盐对人体的健康有害。

抗坏血酸在焙烤行业正在被广泛使用,在许多欧洲国家这是唯一使用的氧化剂。英国用于制作面包的氧化剂70%是抗坏血酸,另外30%是溴酸钾。抗坏血酸与溴酸钾复合使用效果更突出,复合比例是(2~4):1。

(2)氧化剂的添加量 氧化剂的添加量可据不同情况来调整,高筋面粉需要较少的氧化剂,低筋面粉则需要较多的氧化剂。保管不好的酵母或死酵母细胞中含有谷胱甘肽,未经高温处理的乳制品中含有硫氢基团,它们都具有还原性,需要较多的氧化剂来消除。

面包制作工艺大大影响面团的氧化要求。通常在面团加工期间,对面团的机械加工越多,生物化学变化越强烈,氧化剂的需要量就越多。例如国外的连续制作法、冷冻面团法需加入较多的氧化剂,而二次发酵法比一次发酵法用量多。如果以营养强化目的加入硫酸亚铁,则硫酸亚铁与溴酸钾起反应,降低了氧化作用的效果。氧化剂用量对面团和面包品质的影响见表2-24。

表2-24 氧化剂用量对面团和面包品质的影响

氧化剂用量不足		氧化剂用量过度	
面团性质	面包品质	面团性质	面包品质
面团很软	体积小	面团很硬、干燥	体积小
面团发黏	表皮很软	弹性差	表皮很粗糙
稍有弹性	组织不均匀	不易成型	组织紧密
力学性能差	形状不规整	力学性能好	有大孔洞
可延伸		表皮易撕裂	不易切开

(三)还原剂

还原剂是指能够降低面团筋力,使面团具有良好可塑性和延伸性的一类化学合成物质。它的作用机理主要是使蛋白质分子中的二硫键断裂,转变为硫氢键,蛋白质由大分子变为小分子,降低了面团的筋力、弹性和韧性。生产中常用L-半胱氨酸、亚硫酸氢钠、山梨酸、抗坏血酸。

亚硫酸氢钠主要是韧性饼干的面团改良剂,很少用于其他食品。它对饼干面团的辊压具有特殊作用,能使面粉被辊压成非常理想的薄度,有利于成型。关于亚硫酸氢钠在饼干面团中的特殊作用机理,目前世界上还没有定论,尚在研究中。我国食品添加剂使用卫生标准中规定用量为0.05g/kg。山梨酸既是还原剂同时也是一种防腐剂,当使用量超过0.2g/kg时即是防腐剂。

抗坏血酸既起氧化剂的作用又起还原剂的作用。它被添加到面粉中以后，在调粉时被空气中的 O_2 氧化以及在抗坏血酸氧化酶和钙、铁金属离子等的催化下转化成脱氢抗坏血酸。脱氢抗坏血酸起氧化剂的作用，它作用于面粉中的硫氢基团使之氧化成二硫氢基团，二硫氢基团被氧化脱掉的氢原子与脱氢抗坏血酸结合，使脱氢抗坏血酸被还原成抗坏血酸。这个过程是由脱氢抗坏血酸还原酶催化完成的。由此可见，抗坏血酸在有氧的条件下使用，例如在敞口的搅拌机内调制面团，起氧化剂的作用；在无氧条件下，例如在封闭系统的高速搅拌机内调制面团，起还原剂的作用。

（四）增稠稳定剂

增稠稳定剂是改善或稳定食品的物理性质或组织状态的添加剂。它可以增加食品黏度，使食品黏滑适口；可延缓制品老化，增大产品体积；可增加蛋白膏光泽，防止砂糖再结晶，提高蛋白点心的保鲜期。生产中常用的增稠稳定剂有以下几种。

1. 琼脂

琼脂又称洋菜粉。不溶于冷水，微溶于温水，极易溶解于热水。0.5％以上的含量经煮沸冷却到 40℃ 即形成坚实的凝胶。0.5％以下含量形成胶体溶液而不能形成凝胶。1％的琼脂溶胶液在 40℃ 形成凝胶后，93℃ 以上温度才能溶化。琼脂溶胶凝固温度较低，一般在 35℃ 即可形成凝胶。因此在夏季不必进行冷却，使用很方便。

琼脂吸水性和持水性很强，在冷水中浸泡可以吸收 20 多倍的水，琼脂凝胶含水量可高于 99％。其耐热性也很强，有利于热加工。琼脂多用于搅打蛋白膏、水果蛋糕的表面装饰。

2. 明胶

明胶不溶于冷水，在热水中溶解，溶液冷却后即凝结成胶块。凝固力比琼脂小，5％以下含量不形成胶冻，一般在 15％ 含量才形成胶冻。溶解温度与凝固温度相差不大，30℃ 左右溶化，20～25℃ 凝固。与琼脂比较，其凝固物柔软，富于弹性。

明胶是亲水性胶体，又有保护胶体作用。明胶液有稳定泡沫作用，也有起泡性，特别是在凝固温度附近时，起泡性最强。明胶含有 82％ 的蛋白质，具有一定的营养价值，可以制作各种点心。

3. 海藻酸钠

海藻酸钠又称褐藻酸钠，不溶于乙醇，溶于水成为黏稠胶状液体。黏度在 pH 值为 6～9 时稳定，加热到 80℃ 以上则黏度降低，具有吸湿性。其水溶液与钙离子接触时生成海藻酸钙而形成凝胶。海藻酸钠为水合力非常强的亲水性高分子物质，在焙烤食品中均可使用。

4. 果胶

果胶溶于 20 倍水则成为黏稠状液体，不溶于乙醇。但用乙醇、甘油、蔗糖糖浆可润湿,与 3 倍或 3 倍以上的砂糖混合则更易溶于水,对酸性溶液比较稳定。果胶分为高甲氧基和低甲氧基果胶。甲氧基含量大于 7% 称为高甲氧基果胶,也称为普通果胶。甲氧基含量愈多,凝冻能力愈大。

除以上几种增稠稳定剂外,国内外还使用一些其他的品种。例如,羧甲基纤维素钠、藻朊酸丙二酯、阿拉伯胶、变性淀粉等。

(五)淀粉

淀粉在面团调制过程中是冲淡面筋浓度的稳定性填充剂,用于调节面粉的筋力。可以增加面团的可塑性,降低弹性,使产品不致收缩变形。因此,在饼干生产中经常使用,尤其是韧性面团每一次配料都用它。在酥性面团中加入适量淀粉,可使面团的黏性、弹性和结合力降低,使操作顺利,饼干形态完整,酥性度提高。面包生产不使用淀粉。

淀粉添加量一般在 5%~8%,添加过多会使产品在烘烤时胀发率降低,破碎率升高。淀粉的细度要求在 100 目以上。通常使用小麦淀粉和玉米淀粉。

1. 淀粉的吸湿性

淀粉为白色粉末,吸湿性很强。淀粉的水分含量受周围空气湿度的影响。在阴雨天,空气湿度大,淀粉吸收空气中的水汽使水分含量增高;在干燥的天气,湿度小,淀粉散失水分,使水分含量降低。因此,面粉及其制品在储存过程中要放在通风良好且干燥的地方,以防止淀粉吸收水分而受潮结块。

2. 淀粉的黏度

淀粉的黏度主要受支链淀粉的影响,支链淀粉溶于热水中,其水溶液黏性很大。凡是含支链淀粉多的其黏性都很大,例如糯米,几乎含 100% 的支链淀粉。由于淀粉具有高黏度,因此广泛作为产品的增稠剂使用。

3. 淀粉的水解作用

在无机酸或酶的作用下,淀粉与水一起加热可发生水解,先生成中间产物如糊精、低聚糖、麦芽糖,最后生成葡萄糖。

糊精是相对分子质量大于低聚糖的碳水化合物的总称。糊精具有旋光性、还原性,可溶于冷水,不溶于酒精,具有很高的黏度。淀粉的水解反应在糕点生产中具有重要意义。由于糊精具有还原性和较高的黏度,因此可以防止糕点中的蔗糖结晶返沙。同时淀粉的最后水解产物是葡萄糖,使糕点的营养价值大大提高。

4. 淀粉的糊化

将淀粉在水中加热到一定温度后,淀粉粒开始吸收水分而膨胀,温度继续上升,淀粉颗粒继续膨胀,可达原体积的几倍到几十倍,最后淀粉粒破裂,形成均匀的糊状溶液,这种现象称为淀粉的糊化。糊化时的温度称为糊化温度,各种淀粉的糊化温度不同。同一种淀粉,颗粒大小不同其糊化难易也不相同,较大的颗粒容易糊化,能在较低温度糊化。因各个颗粒的糊化温度不一致,通常用糊化开始时的温度或糊化完成时的温度来表示糊化温度。

淀粉的糊化与产品的质量和消化率有密切关系。淀粉糊化后其体积增大几倍到几十倍，再加上膨松剂的作用，使产品保持了固定的形状。淀粉糊化后表面积增大，同时淀粉由不溶性变成可溶性，这就扩大了酶与淀粉的作用面积，在消化器官中易被酶水解。淀粉糊化越充分，消化率越高。

5. 淀粉的老化

将淀粉溶液或淀粉凝胶放置一定时间后，产生不透明，浑浊，最后沉淀的现象，这种现象称为淀粉的老化，也称为固化或凝沉。

淀粉老化的最适温度在 2~4℃，高于 60℃ 或低于 -20℃ 都不会发生老化。但食品不可能长时间放置在高温下，一经降至常温便会发生老化。为防止老化，可将淀粉食品速冻至 -20℃，使淀粉分子间的水分急速结晶，阻碍淀粉分子的相互靠近。

淀粉的含水量在 30%~60% 时易发生老化，含水量低于 10% 的干燥态及在大量水中则不易发生老化。

淀粉的老化对食品的质量有很大影响，例如米饭、面包、馒头、糕点等在储存和放置期间会变硬，就是由淀粉老化造成的。因此，控制淀粉的老化具有重要的意义。

二、香料

大部分焙烤食品都可以使用香料或香精，用于改善或增强香气或香味，这些香料和香精被称为赋香剂或加香剂。

香料按不同来源可分为天然香料和人造香料。天然香料又包括动物性和植物性香料，食品生产中所用的主要是植物性香料。人造香料是以石油化工产品、煤焦油产品等为原料经合成反应而得到的化合物。

（一）香精

香精是由数种或数十种香料经稀释剂调和而成的复合香料。食品中使用的香精主要是水溶性和油溶性两大类。在香型方面，使用最广的是橘子、柠檬、香蕉、菠萝、杨梅五大类果香型香精。此外还有香草香精、奶油香精等。

水溶性香精系由蒸馏水、乙醇、丙二醇或甘油加入香料经调和而成，大部分呈透明状。在 15℃ 时，在蒸馏水中溶解度约为 0.01%~0.05%，在含量为 20% 的乙醇中溶解度为 0.20%~0.30%。水溶性香精易于挥发，不适用于高温处理的食品，例如饼干、糕点等。

油溶性香精系由精炼植物油、甘油或丙二醇加入香料经调和而成，大部分是透明的油状液体，由于含有较多的植物油或甘油等高沸点稀释剂，其耐热性比水溶性香精高。

(二)香料

1. 常用的天然香料

在食品中直接使用的天然香料主要有柑橘油类和柠檬油类，其中有甜橙油、酸橙油、橘子油、红橘油、柚子油、柠檬油、香柠檬油、白柠檬油等品种。最常用的是甜橙油、橘子油和柠檬油。

我国一些食品厂还直接利用桂花、玫瑰、椰子、莲子、巧克力、可可粉、蜂蜜、各种果蔬汁等作为天然调香物质。

2. 常用的合成香料

合成香料一般不单独用于食品加香，多数配制成香精后使用。直接使用的合成香料有香兰素等少数品种。

香兰素是食品中使用最多的香料之一，为白色或微黄色结晶，熔点为 81~83℃，易溶于乙醇及热挥发油中，在冷水及冷植物油中不易溶解，而且溶解于热水中。

食品中使用香兰素，应在和面过程中加入，使用前先用温水溶解，以防赋香不匀或结块而影响口味。使用量为 0.1~0.4g/kg。

(三)香精、香料使用方法

1. 使用量

应根据不同的食品品种和香精、香料本身的香气强烈程度而定。油溶性香精在饼干、糕点中一般用量为 0.05%~0.15%，在面包中约为 0.04%~0.1%。由于饼干坯薄，挥发快，使用量可高些。添加香精、香料还可掩盖某些原料带来的不良气味，例如桂花可除去蛋腥味。

2. 添加方法

香精和香料都有一定的挥发性，应该尽可能在冷却阶段或在加工后期加入，减少挥发损失。例如，在制作饼干时，应在调浆快要完成前加入香精；西点用的糖水应在熬好冷却后加入香精；制作蛋糕时应在打蛋完成前加入香精。水溶性香精由于沸点低，挥发快，故不适用于糕点、饼干，而应该使用耐热性较高的油溶性香精。

3. 防止与碱直接接触

多数香精、香料有易受碱性条件影响的缺点，在糕点、饼干中添加时应防止化学膨松剂与香精、香料直接接触。例如香兰素与小苏打接触后会变成棕红色。

4. 香型要协调

不同香精具有不同的香型，在使用时必须要与食品中的香型协调一致。例如，浓缩橘子汁使用橘子香精；菠萝酱和浓缩菠萝汁使用菠萝香精。如果在奶油蛋糕中加入玫瑰香精则会产生怪味。

三、色素

颜色是焙烤食品的重要指标。食品具有鲜艳、柔和的色彩，对增进食欲有一定作用。很多天然食品具有鲜艳的色泽，但经过加工处理后则发生变色现象。为了改善食品的色泽，有时需要使用食用色素来进行着色。食用色素按其来源和性质，可分为合成色素和天然色素两大类。

（一）合成色素

合成色素一般较天然色素色彩鲜艳，色泽稳定，着色力强，调色容易，成本低廉，使用方便。但合成色素大部分属于煤焦油染料，无营养价值，而且大多数对人体有害。因此使用量应严格执行国家食品添加剂使用卫生标准（GB 2760—1996）。目前国家规定的使用合成色素有13种，现介绍几种常用合成色素。

1. 苋菜红

苋菜红为紫红色均匀粉末，无臭，可溶于丙二醇及甘油，微溶于酒精，不溶于油脂。在21℃时溶解度为17.2g/100ml。有良好的耐光性、耐热性、耐盐性和耐酸性，但在碱性溶液中变成暗红色。由于其对氧化还原作用敏感，故不适于在发酵食品中使用，可用于糕点上彩装。

2. 胭脂红

胭脂红为红色和深红色粉末，无臭，溶于水呈红色，溶于甘油，微溶于酒精，不溶于油脂。20℃时溶解度为23g/100ml。耐酸性、耐光性良好，耐热性、耐碱性差，安全性较高。

3. 柠檬黄

柠檬黄为橙黄色均匀粉末，无臭，溶于甘油、丙二醇和水，微溶于酒精，不溶于油脂，安全性较高。有良好的耐热性、耐酸性、耐光性和耐盐性；耐碱性较好，遇碱稍微变红，还原时褪色；耐氧化性较差。柠檬黄是焙烤食品中使用最广泛的一种合成色素。

4. 日落黄

日落黄为橙色颗粒或粉末，无臭，易溶于水，溶于甘油、丙二醇，难溶于酒精，不溶于油脂。耐光性、耐热性、耐酸性很强，遇碱呈红褐色，还原时褪色。

5. 靛蓝

靛蓝为均匀蓝色粉末，无臭。水溶性比其他合成色素低。溶于甘油和丙二醇，不溶于酒精和油脂。染着力好，但对光、热、酸、碱、盐及氧化都很敏感，稳定性差。

（二）天然色素

我国利用天然色素对食品着色已有悠久历史。天然色素多取自动物、植物组织，一般对人体无害，有的还兼有营养作用，如核黄素和β-胡萝卜素等。天然色素着色时色调比较自然，但不易溶解，不易着色均匀，稳定性差，不易调配色调，易受外界因素影响而发生变化，价格较高，但安全性好，提倡大力开发应用。

(三) 色素的使用方法

1. 色素溶液的配制

色素在使用时不宜直接使用粉末,因其很难分布均匀,且易形成色素斑点。因此一般先配成溶液后再使用。色素溶液含量为1%~10%。配制时应用煮沸冷却后的水或蒸馏水,避免使用金属器具,随配随用,不宜久存,应避光密封保存。

2. 色调选择与拼色

产品中常使用合成色素,可将几种合成色素按不同比例混合拼成不同色泽的色谱。

由于不同溶剂对合成色素溶解度存在差异,会产生不同的色调和强度,即产生杂色。同时,由于产品工艺不同及光照、热等因素,都会影响色调的稳定性,因此在实际应用中必须灵活掌握。

由于人工合成色素大多数对人体有害,近年来允许使用的合成色素趋于减少,合成色素的安全性问题正在被人们所认识和重视。与此同时,人们对天然色素的研制和使用越来越感兴趣,不少天然色素还具有营养和疗效作用,更增加了人们的安全感。总之,焙烤食品行业应尽量不用或少用合成色素,大力开发和使用安全性高的天然色素。

复 习 题

1. 小麦和面粉的化学成分主要有哪些?
2. 焙烤食品生产中主要使用哪几种面粉?
3. 糖在焙烤制品中的作用是什么?
4. 油脂在焙烤制品中的作用是什么?
5. 蛋品在焙烤食品中的工艺性能主要表现在哪些方面?
6. 乳制品在焙烤制品中的作用是什么?
7. 焙烤食品生产中对乳制品的质量要求是什么?
8. 焙烤食品生产中主要使用哪些膨松剂?
9. 食盐对焙烤食品的质量有什么影响?
10. 试述水质对食品品质的影响及处理方法。
11. 试述改良剂在生产中的作用。

第三章 饼干生产工艺

第一节 概　　述

饼干制品在我国历史悠久，食用非常普遍。近年来随着我国人民生活水平的不断提高，工艺技术和设备的不断更新和发展，焙烤制品中的饼干已经成为人们生活中一种重要的方便食品。其发展迅速，花色品种繁多，新产品层出不穷，在日常生活中占据着越来越重要的作用。饼干的作用也已由原来的纯粹为了充饥逐渐向今天的休闲方向发展。

一、饼干的概念

饼干是以面粉、糖类、油脂、乳品、蛋品等为主要原料，经烘焙而成的口感酥松、水分含量少、重量轻、块形完整、易于保藏、便于包装和携带、食用方便、营养丰富的食品。

二、饼干的分类

饼干由于配方、生产工艺、口味、外形、消费对象等的不同，因此其分类的方法有许多种。

（一）按国家饼干分类标准分类

目前，我国已对饼干分类制定了统一的标准，具体分类如下：

1. 酥性饼干

以面粉、糖、油脂为主要原料，加入膨松剂和其他辅料，经冷粉工艺调粉，辊印或辊切成型，烘烤制成的造型多为凸花，断面结构呈多孔状组织，口感膨松的焙烤食品。

2. 韧性饼干

以面粉、糖、油脂为主要原料，加入膨松剂、改良剂及其他辅料，经热粉工艺调粉，辊压或辊切、冲印成型，烘烤制成的造型多为凹花，外观光滑，表面平整，一般有针眼，断面结构有层次，口感松脆的焙烤食品。

3. 发酵饼干

以面粉、油脂为主要原料，酵母为膨松剂，加入各种辅料，经过调粉，发酵，辊压成型，烘烤制成的松脆且具有发酵制品特有香味的焙烤食品。

4. 曲奇饼干

以面粉、糖、油脂及乳制品为主要原料，加入其他辅料，经调粉，采用挤注、挤条、钢丝切割方法中的一种形式成型，烘烤制成的具有立体花纹或表面有规则波纹的酥化食品。

5. 薄脆饼干

以面粉、油脂为主要原料，加入调味品等辅料，经调粉，成型，烘烤而制成的薄脆食品。

6. 夹心饼干

在两块饼干之间夹以糖、油脂或果酱为主要原料的各种夹心料的多层夹心食品。

7. 华夫饼干

以面粉（或糯米粉）、淀粉为主要原料，加入乳化剂、膨松剂等辅料，经调浆，浇注，烘烤而制成的多孔状松脆片子，在片子之间夹以糖、油脂为主要原料的各种夹心料的多层夹心食品。

8. 蛋圆饼干

以面粉、鸡蛋、糖为主要原料，加入膨松剂、香料等辅料，经搅打，调浆，浇注，烘烤制成的松脆食品。

9. 水泡饼干

以面粉、鲜鸡蛋为主要原料，加入膨松剂，经调粉，多次辊压，成型，沸水烫漂，冷水浸泡，烘烤制成的具有浓郁香味的膨松食品。

10. 粘花饼干

以面粉、白砂糖或绵白糖、油脂为主要原料，加入膨松剂、乳制品、蛋制品、香料等辅料，经调粉，成型，烘烤，冷却，表面裱粘糖花，干燥而制成的松脆食品。

11. 蛋卷

以面粉、白砂糖或绵白糖、鸡蛋为主要原料，加入香料、膨松剂等辅料，经搅打，调浆，浇注，烘烤而制成的松脆食品。

除以上几种饼干外，还有军用的压缩饼干等特制饼干，也有一些西式饼干。

（二）按饼干中含油脂量的多少分类

另外，现在生产上一般多按饼干中含油脂量的多少进行分类，又可将饼干划分为以下几类：

1. 曲奇饼干

油脂含量一般为30%～40%。其特点是口感松软，内部结构细腻，通常外观造型简单,不带针孔和花纹。例如丹麦的曲奇饼干。

2. 酥性饼干

油脂含量一般小于30%。酥性饼干采用半软性面团,生产时可采用无针孔凸花印模。其特点是口感酥松,内部结构细密,外观花纹明显,大部分是清晰凸出的花纹。比较典型的是一般的甜饼干如椰子饼干等,还有比较高档的桃酥、椰蓉酥和奶油酥等。

3. 发酵饼干和韧性饼干

油脂含量一般小于20%。因为此类饼干面团的弹性比较大,为了防止出现花纹不清及起泡、凹底等毛病,生产时一般使用针孔凹花印模。

4. 花色类饼干

它是在以上3种饼干的基础上衍生出来的,属于二次加工的饼干,主要包括夹心饼干、营养饼干、休闲饼干及压缩饼干。几种常见的饼干见图3-1。

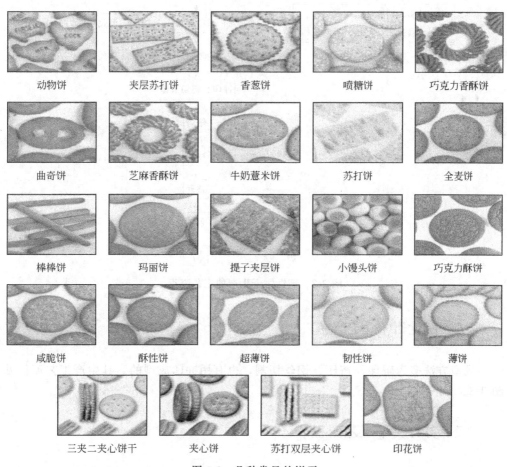

图3-1 几种常见的饼干

第二节 饼干的生产工艺流程

不同饼干的制作有其不同的工艺流程,现将几种常见类型饼干的生产工艺流程介绍如下。

一、韧性饼干工艺流程

韧性饼干主要采用冲印方法成型,其生产工艺流程见图 3-2。

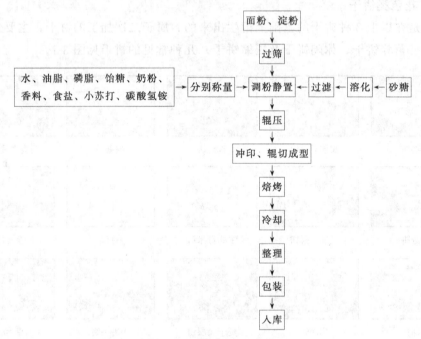

图 3-2　韧性饼干生产的工艺流程

二、酥性饼干工艺流程

成型方法多为辊印、挤压、钢丝切割,也有用冲印成型的。其生产工艺流程见图 3-3。

三、苏打饼干工艺流程

苏打饼干属于发酵类饼干,生产中应先行发酵,其生产工艺流程见图 3-4。

第三章 饼干生产工艺

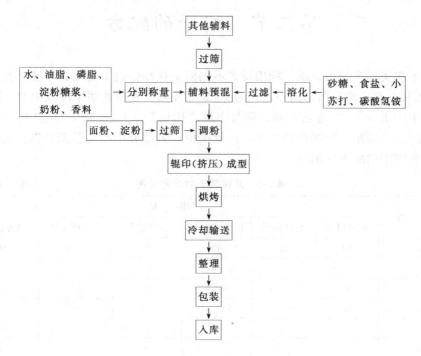

图 3-3 酥性饼干生产的工艺流程

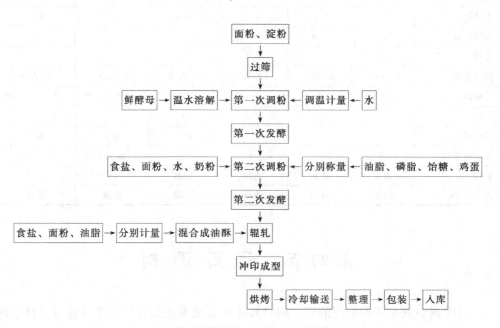

图 3-4 苏打饼干生产的工艺流程

第三节 饼干的配方

饼干在实际生产中，油、糖用量各不相同。在韧性饼干的配方中油、糖比一般为1：2.5左右，油、糖与面粉之比为1：2.5左右。在酥性饼干配方中油、糖之比一般为1：（1.35～2）左右，油、糖与小麦之比也为1：（1.35～2）左右。发酵饼干在生产上直接用于面团调制的糖、油量很少，大部分用于夹酥或装饰。表3-1所列为几种饼干的配方实例。

表3-1 几种饼干的配方实例 （单位：kg）

原料名称	用量					
	韧性饼干	酥性饼干	甜酥性饼干	苏打饼干	夹油酥苏打	甜苏打饼干
小麦面粉	94	93	90	100	100	100
淀粉	6	7	10	—	—	—
起酥油	12	14～16	30～40	16	16	20
白砂糖粉	30	32～34	40～41	—	—	3
磷脂	1	1	1	1	—	0.6
淀粉糖浆	3～4	—	—	—	2	—
全脂奶粉	3	4	5	2	—	—
食盐	0.3～0.5	0.5	0.5	1	1.8	1.6
小苏打	0.7	0.6	0.6	0.5	0.5	0.4
碳酸氢铵	0.4	0.3	0.3	—	—	—
香油	0.1	—	0.1	—	—	—
抗氧化剂	0.0012	0.0015	0.0040	0.0016	0.0016	0.0027
柠檬酸	0.0024	—	—	0.0032	0.0044～0.008	0.0027～0.008
鸡蛋	—	—	4～6	4	—	—
鲜酵母	—	—	—	0.5	0.4	0.4
焦亚硫酸钠	0.0045	—	—	—	0.016	0.016
香精	适量	适量	适量	适量	0.02	0.04
水	适量	适量	适量	适量	适量	适量

第四节 面团调制

面团调制就是将预处理的原、辅料按配方要求事先配合好，然后在调粉机中加入定量的水，用搅拌的方式制成适于加工饼干的面团或浆料的过程。

面团调制是否适当，直接关系到产品的外形、花纹、酥松度以及内部的结构等性能。这不仅对产品质量有重要的影响，而且对成型操作是否顺利进行起着决定性的作用。所以，面团调制是饼干生产中十分关键的一道加工环节。

一、面团形成的基本过程

（一）蛋白质和淀粉的吸水

面团是由面粉中的面筋性蛋白质及面粉本身的淀粉和其他辅助材料经调制而成的。面团的调制，不仅仅是各种材料简单的物理混合，而且还会发生一系列的变化。在调制开始过程中，部分面粉中的蛋白质和淀粉开始吸收水分，当面筋性蛋白质和水相遇时，水分子与蛋白质的亲水基团相互作用形成水化离子。随着搅拌的进行，蛋白质胶粒吸水也在继续进行。蛋白质颗粒表面吸水，是放热反应，吸水量不大，体积增加不明显。这时尚有部分面粉粒子尚未接触到水分，呈干粉状态，配料中的其他成分也没有被搅拌均匀。这一阶段物料呈分散的非均匀状态混合物，是蛋白质胶粒吸水的第一步。

（二）面团的形成

蛋白质胶粒表面吸水后，在机械的不断搅拌下，物料与水分逐渐混合均匀，干粉减少，蛋白质胶粒和淀粉也不断吸收水分，并使水分进入胶粒内部，这就是蛋白质胶粒水化的第二步。由于蛋白质胶粒内部有低分子质量的可溶性物质存在，当吸水作用进一步进行时，就形成了足够的渗透压，水分子便以渗透和扩散的方式进入蛋白质胶粒内部，使胶粒吸水量增大。反应不放热。吸水作用的结果，使蛋白质胶粒之间形成一种连续的膜状基质，并将同时也吸收水分的淀粉颗粒覆盖而结合在面团内。从物理状态上看，面团的体积就会显著膨胀，这就是面筋的胀润，面团也就初步形成了。

在面团形成过程中，吸收到胶粒内部的水称为水化水或结合水。分布在胶粒表面的水称为附着水，充塞于面筋网络结构中。

（三）面团的成熟

初步形成的面团，在搅拌桨叶的继续搅拌下，使面团部分面筋网络与其他物料的结合程度差异减少，水均匀分布。整个面团的调制达到成熟阶段，此时面团具有工艺上所要求的软硬适度，弹性和塑性适当，光滑而柔润。

二、影响面团形成的主要因素

（一）面粉中的蛋白质的质量

吸水后的小麦蛋白质分子互相结合，形成具有一定的弹性和黏性、不溶于水的胶状物（面筋质），它形成焙烤制品的骨架。由于面粉中所含蛋白质的种类与比例不同，所形成的面筋的数量与性质也各不相同。其中麦谷蛋白是高分子量蛋白质，它对面团面筋质起重要作用。由于高分子量蛋白质的分子表面积大，容易产生非共价键的聚合作用，而且还由于部分剩余蛋白质的碎片起了侧向黏结的作用，可以抵抗骨架的歪扭并带有一定的弹性。至于分子质量较小的麦胶蛋白只能形成不太牢固的聚合体，但也能促使面团的膨胀。

面筋性蛋白质吸水膨胀的程度与调面时加水的速度、温度、混合物料的投料次序、搅拌时间以及调制方式都有关系。例如，加水缓慢就会使面筋蛋白质吸水迅速而充分，反之则吸水慢而不充分。

各种面粉因其种类不同，面粉的吸水力也不同。面筋质越多、灰分越少的面粉吸水量越大。在制粉工艺中，淀粉粒受伤较多时，或面粉的原含水量低，粒度细时，都会使面粉在调制面团时吸水量增加。

（二）糖、油的反水化作用

糖有强烈的反水化作用，油脂的反水化作用虽不像糖那样强烈，但也具有重要的反水化特性。面粉中面筋性蛋白质吸水胀润的第二步反应，是依靠胶粒内部的浓度所造成的渗透压力使水分子以扩散的方式渗透到蛋白质分子中去，这一过程使面团吸水量增大，形成了大量面筋质，面团弹性增强，黏度降低。但是，如果面团中含有较多的糖，特别是调制时加入了糖浆，则由于糖的较强的吸湿性而吸收蛋白质胶粒之间的游离水分，同时会使胶粒外部浓度增加，促使胶粒内部的水分向外转移，从而降低蛋白质胶粒的胀润度，造成调粉过程中面筋质形成程度降低，弹性减弱，这就是糖在面团调制过程中的反水化作用。大约每增加1%的糖，面团的吸水率降低0.6%。双糖的反水化作用比单糖强。

油脂的反水化作用是因为油脂与面粉相遇时附着在蛋白质分子表面，形成一层不透性的油膜，阻止水分子向蛋白质胶粒内部渗透，同时减少了表面毛细管的吸水面积，面筋吸水量减少，且得不到充分胀润。另外，油脂的存在也使蛋白质胶粒之间的结合力下降，使面团的弹性降低，韧性减弱，这种作用随着油脂温度的升高而变得更为强烈。

（三）调制面团时的温度

温度是形成面团的主要条件之一。面团的温度越低，面筋的结合力也就越差，起筋变得迟缓。反之，面筋蛋白质的吸水力会增大，其胀润作用就会增强。当温度达到30℃时，面筋蛋白质胀润度就会达到最大。在此温度条件下，如果加水充足，蛋白质吸水量可达到150%～200%。在此温度下，淀粉粒吸收的主要是吸附水，故体积增加不大。当温度升高时，吸水量增大，如果温度达到糊化温度53～64℃时，淀粉能大量吸收水分，体积膨胀，黏度也大幅度增加。面团温度要根据面粉中面筋的含量、特性、水温、油脂等辅料使用情况灵活掌握。

（四）加料次序

面粉与其他原辅料的混合顺序与面团中面筋质的形成有很大关系。当需要面团有较大韧性时，可在面粉中直接加水搅拌均匀。若需面团塑性较大时，就应先将砂糖、油脂、奶粉与水混合均匀，然后再投入面粉搅拌，也可先将面粉与油脂拌匀，再加入其他原辅料及少量水进行搅拌，以减少面团起筋。

（五）调制时间

若要使面团充分形成面筋，混合时间宜适当延长，并且对某些面团在搅拌后还要放置一段时间，以便使面筋继续形成。对需要含面筋量少的面团，调制的时间就应适当减少。

（六）调制的方式

调制面团时一般使用和面机进行混合作业。由于各类饼干制品的要求不同，对搅拌机桨叶与搅拌速度的选择也不同。面团搅拌时间稍长容易起筋，但时间过长时面筋又会因被拉断而失去弹性。因此，调制韧性面团时可用卧式双桨及立式双桨调粉机（不宜用单桨式，因桨叶容易断裂）。调制酥性面团时，可用作用面较大的桨叶，如肋骨形桨叶的搅拌机，因其剪断力较大，可控制面团的筋力。另外，还可通过调节搅拌桨叶的旋转速度来改善面团的性能。

三、各种面团的调制

（一）韧性面团的调制

韧性面团与一般酥性饼干面团不同，它是在蛋白质充分水化的条件下调制而成的。该面团要求具有较强的延伸性，适度的弹性，柔软而光润，并且具有一定的可塑性。用这种面团调制成的饼干胀发率比酥性饼干大得多。韧性面团俗称"热粉"，这是因为面团在调制完毕时具有比酥性面团更高的温度而得名。

韧性面团的调制要分两个阶段完成。第一阶段是使面粉在适宜条件下充分胀润。开始时面筋颗粒的表面首先吸水，然后水分向面筋内部渗透，最后内部吸收大量水分，体积膨胀，充分胀润，面筋蛋白质水化物彼此联结起来，面团内部逐渐形成网状结构，结合紧密，软硬适度，具有一定的弹性。第二阶段是使已形成的面筋在搅拌机的不断搅拌下面团被拉伸撕裂，弹性降低。此时，面团中蛋白质网络被破坏，弹性降低而反映出来的面团流变性的变化，面团的弹性显著减弱，这便是调粉完毕的重要标志。

韧性面团所发生的质量问题大部分是由于面团未充分调透，调粉操作中未曾很好地完成第二阶段的全过程，操作者误认为已经成熟而进入辊轧和成型工序所致。当然，也并不排除确有过火候的情形。为调制好韧性面团，应注意以下几个方面：

1. 正确使用淀粉原料

调制韧性面团时，通常需使用一定量的小麦淀粉或玉米淀粉作为填充剂，使用淀粉的目的是为了稀释面筋浓度，限制面团的弹性，还可以适当缩短调粉时间，而且也能使面团光滑，黏性降低，可塑性增加，成品饼干形态好，花纹保持能力增强。一般淀粉的使用量约为面粉的 5%～8%，若淀粉使用过量，则不仅使面团的黏结力下降，还会使饼干胀发率减弱，破碎率增加，成品率下降。反之，若淀粉使用量不足 5%，则冲淡面筋的效果不明显，起不到调节面团胀润度的作用。

2. 控制面团的温度

韧性面团调制时温度较高，在生产上要注意控制好调粉温度。一般控制在 38～40℃左右。这样有利于降低其弹性、韧性、黏性，使后续操作顺利进行，提高制品质量。如果面团温度过高，面团易发生走油和韧缩现象，使饼干变形、保存期缩短；如果温度过低，所加的固体油易凝固，使面团变得硬而干燥，面带断裂，成型困难，色泽不匀。另外温度过低，所加的面团改良剂反应缓慢，起不到降低弹性、改变组织的效果，影响质量。因此，冬天使用 90～100℃的糖水可直接冲入面粉中，这样在调粉过程中就使部分面筋变性凝固，从而降低湿面筋的形成量，同时也可以使面团温度保持在适当范围内。冬季有时还需采用将面粉预热的办法来确保面团有较高的温度，夏天则需用冷水调面。

3. 添加改良剂

添加面团改良剂可以调节面筋的胀润度和控制面团的弹性及缩短面团的调制时间。常用的面团改良剂为含有 SO_2 基团的各种无机化合物，如前面所述的亚硫酸氢钠和焦亚硫酸钠等。

4. 掌握面团的软硬度

韧性面团通常要求软些，这样可使面团调制时间缩短，延伸性增大，弹性减弱，成品酥松度提高，面片压延时光洁度高，面带不易断裂，操作顺利，质量提高。面团含水量应保持在 18%～21%。要保证面团的柔软性除了要用热水调粉外还要保证调粉第二阶段的正确完成。第二阶段完成的标志是面团的硬度开始降低。

5. 面团的静置

在使用强力面粉或面团弹性过强时，采取调粉完毕后静置 15～20min 的方法，有的面团甚至要用静置 30min 后再生产的办法来降低弹性。面团经长时间的搅拌、拉伸、揉捏，产生一定强度的张力，并且面团内部各处张力大小分布很不均匀。面团调制完毕后内部张力一时还降不下来，这就要将面团放置一段时间，使拉伸后的面团恢复其松弛状态，内部的张力得到自然降低，同时面团的黏性也有所降低。面团在静置时为防止表面干燥形成硬皮和温度降低，应用布将面团覆盖好，并注意防止被冷风吹。上述静置的作用是调粉过程所不能代替的。

6. 面团调制终点的判断

面团调制好后，面筋的网状结构被破坏，面筋骨中的部分水分向外渗出，使面团明显柔软，弹性显著减弱，这便是面团调制完毕的标志。判断面团调制终点的标志是：面团表面光滑，颜色均匀，手感柔软而有适度的弹性和塑性；撕开面团，其结构如牛肉丝状；用手拉伸则出现较强的结合力，拉而不断，伸而不缩。

（二）酥性面团的调制

酥性面团要求具有较大程度的可塑性和有限的弹性。在操作过程中还要求面团有结合力，而不至于断裂，不粘滚筒和模具。成型后的饼坯有良好的花纹，具有良好的花纹保持能力，形态不收缩变形，烘烤时具有一定的胀发能力，成品花纹清晰。为此，酥性面团在调制中应遵循有限胀润的原则，适当控制面筋性蛋白质的吸水率，根据需要控制面筋的形成，限制其胀润程度，才能使面团获得有限的弹性。在具体调制时应注意以下几个问题：

1. 投料顺序

从工艺流程图上可以看出，酥性面团调粉操作之前应先将油、糖、水（或糖浆）、乳、蛋、膨松剂等辅料投入调粉机中预混均匀，使混合液充分乳化形成乳浊液。在形成乳浊液的后期再加入香精、香料，这样可以防止香味过量挥发。辅料预混结束后，再加入面粉进行面团调制操作。这样的配料顺序不仅可以缩短面团的调制时间，还可以使面粉在有一定浓度的糖浆及油脂存在的状况下吸水胀润，从而限制面筋性蛋白质的吸水，控制面团的起筋。如果不按照这样的顺序进行投料，而是先投入面粉然后再加水和投入各种辅料，那么部分面粉就与水直接接触，造成蛋白质胶粒迅速吸水胀润，便不能达到有限胀润的目的，从而使面团弹性增大，可塑性减弱，并因此引发出一系列的质量问题。

2. 油脂用量

糖和油脂都具有反水化作用，是控制面筋胀润度的主要特性，所以在酥性饼干面团中糖和油脂的用量都比较高。一般糖的用量可达面粉的 32%～50%，油脂也要使用到面粉用量的 30%～50% 或更高一些。

3. 加水量与软硬度

酥性面团在调制时，加水量与湿面筋的形成量有密切的关系，加水不能太多。否则，面筋蛋白质就会大量吸水，为湿面筋的充分形成创造了条件，甚至可以使调好的面团在输送、静置及成型操作中蛋白质继续吸水胀润，形成较大的弹性。同时也要注意调粉时不能随便加水，更不能一边搅拌一边加水。

酥性面团调制得不能太软，过软的面团含水量高，易形成大量的面筋；过硬的面团无结合力而影响成型，所以要严格控制面团的含水量。酥性面团的水分含量约为 16%～18%，甜酥性面团的含水量为 13%～15%。

4. 加淀粉和头子量

在面团调制中添加淀粉的目的是为了降低面筋浓度和吸水率，这是控制面筋形成的一个重要措施。淀粉几乎不含蛋白质，对于用面筋含量较高的面粉调制酥性面团时加入淀粉，就可使面团的黏性、弹性和结合力适当降低。但淀粉的添加量也不宜过多,只能使用面粉量的5%~8%,过多使用就会影响到饼干的胀发力和成品率。有些生产过程中会产生头子,头子就是饼干成型工序中在使用冲印或辊切成型时分离下来的面带部分。头子应返回到前道工序中重新进行制坯,其中一部分要在面团调制时加入调粉机中调制面团,另一部分要在辊轧面带时加入。头子因经多次辊轧和较长时间的胀润,其内部含有较多的湿面筋,而且弹性也较大。如果把头子大量加入正在调制的面团中,势必要增加面团的筋力,所以不可过多使用,一般只能掺入新鲜面团量的1/10~1/8。

5. 调粉温度

酥性面团属于冷粉,调好的面团要有较低的温度。如果温度升高,会提高面筋蛋白质的吸水率,增加面团的筋力,同时温度过高还会使高油脂面团中的油脂外溢,会给以后的操作带来很大的困难。当然,面团温度太低,会使面片表面黏性增大而易粘滚筒,不利于操作,同时结合力也较弱无法操作,致使表面不光,花纹不清。为此酥性面团的温度应控制在26~30℃,甜酥性面团的温度应控制在19~25℃。

在实际操作中,冬季可用水或糖水的温度来调节面团的温度,夏季气温高,要使用冰水和经过冷藏的面粉、油脂来调制面团,这样才能获得较为理想的面团。

6. 调粉时间和静置时间

调粉时间的长短是影响面筋形成程度和限制面团弹性的直接因素。适当掌握调粉时间,可得到理想的调粉结果。酥性面团一旦调粉时间过长,就会使面团的弹性增大,造成面片韧缩、花纹不清、表面不平、起泡、凹底、体积收缩变形、饼干不酥松等。另一方面,调粉时间不足,会使面团结合力不够而无法形成面片,同时会因黏性太大而粘辊、粘帆布、粘印模,饼干胀发力不够,饼干易摊散等。

酥性面团调制完毕后是否需要静置,以及静置多长时间,要视面团各种性能而定。倘若面团的弹性、结合力、塑性等均已经达到要求,这样的面团就不需要静置;若面团按预定的规程和要求调制完毕后,出现黏性过大,膨润度不足及筋力差等情况时,可适当静置几分钟至十几分钟,以使面筋性蛋白质的水化作用继续进行,降低面团的黏性,增加结合力和弹性,使这种调粉不足的面团通过静置来获得补偿。

(三) 苏打饼干面团的调制与发酵

苏打饼干又称发酵饼干,其面团是利用调粉时加入的酵母发酵产生的CO_2充盈在面团中,形成膨松状态。成型后在烤制时又借助CO_2受热体积膨胀和油酥的起酥作用,使成品质地特别酥松,断面结构具有清晰的层次,并且由于酵母的发酵作用,面团中的部分蛋白质和淀粉分解成易被人体消化吸收的营养物质,制品具有发酵食品的特有香味。

苏打饼干面团的配料不能像酥性饼干那样含有较多的油脂和糖分,其原因之一就是高糖高油会影响酵母的发酵力。高糖分形成的高渗透压会使酵母细胞发生质壁分离，甚至使发酵停止；高油脂可在酵母细胞外形成油膜，隔离细胞与外界的联系，影响酵母的呼吸作用，严重者可使发酵作用停止。另外，面团在发酵过程中所产生的 CO_2 是靠面团中面筋的保气能力而被保存于面团中的，保气性好的面团才能使烤制出来饼干内部多孔而酥松。为此，在选择面粉时应尽量采用面筋含量高、品质高的面粉。面团的调制和发酵一般采用二次发酵法。

1. 第一次调粉和发酵

第一次调粉通常使用面粉总量的 40%～50%，加入预先用温水溶化的鲜酵母或用温水活化好的干酵母液。鲜酵母用量为 0.5%～0.7%，干酵母用量为 1.0%～1.5%。再加入用于调节面团温度的温水，加水量应根据面粉的面筋含量而定，面筋含量高的加水量就应高些。一般标准粉加水量约为 40%～42%，特制粉约为 42%～45%。如果是用卧式调粉机，调制时间约需 4～6min，使面团软硬适度，无游离水即可。面团温度要求冬天为 28～32℃，夏天为 25～28℃。调粉完毕即可进行第一次发酵。

第一次发酵的目的是通过较长时间的放置，使酵母在面团中大量繁殖，增加面团的发酵能力，酵母在繁殖过程中所产生的 CO_2 使面团体积膨大，内部组织呈海绵状结构；发酵的结果是使面团的弹性降低到理想程度。发酵大约需 4～6h 即能完成。发酵完毕时，面团的 pH 值有所下降约为 4.5～5。

2. 第二次调粉和发酵

第一次发酵好的面团，常称作"酵头"。在酵头中加入剩余的 50%～60% 的面粉和油脂、精盐、饴糖、奶粉、鸡蛋等原辅料，在调粉机中调制 5～6min。冬天面团温度应保持在 30～33℃，夏天为 28～30℃。如果要加入小苏打，应在调粉接近终了时再加入，这样有助于面团的光滑和保持面团中的 CO_2。

第二次调粉发酵和第一次调粉发酵的主要区别是配料中有大量的油脂、食盐以及碱性膨松剂，使酵母作用变得困难。但由于酵头中大量酵母的繁殖，使面团具有较强的发酵潜力，所以 3～4h 就可发酵完毕。第二次调粉时应尽量选择弱质粉，可使口感酥松，形态完美。前后两次调粉的共同点是调粉时间都很短，因为长时间调粉会使饼干质地变得僵硬。

3. 影响面团发酵的几个因素

（1）面团温度　酵母繁殖的适宜温度是 25～28℃，面团的最佳发酵温度是 28～32℃。按照第一次发酵的目的是既要使酵母大量繁殖，又要保证面团能发酵产生足够的 CO_2，所以面团温度应掌握在 28℃ 左右。但是，夏天如在无空调设备的发酵室内发酵，便无法控制面团温度，面团常易受气温的影响而升高，而且在发酵过程中因酵母发酵和呼吸时所产生的热量不易散发而聚集在面团内，均易使面团温度迅速升高。所以，夏季宜把面团温度调得低一些（一般低 2～3℃）。冬季由于发酵室内的温度通常都低于 28℃，调制好的面团在室内初期温度就会低一些，到了发酵后期，会因酵母发酵所产生的热量而使面团温度略有回升。因此，冬季调制面团时，应将温度控制得高一些，但必须缩短发酵时间，否则面团极易变酸。如果面团的温度控制得过低，就会使发酵速度变得缓慢而延长发酵时间，还会导致面团发得不透，并延长生产周期，另外也会造成产酸过高，因此掌握合适的面团发酵温度十分重要。

（2）加水量　发酵面团的加水量的多少应依据面粉的品质及吸水率等因素而定，不能硬性加以规定。面粉的吸水率大，加水量就多一些；反之，则少一些。在进行第二次调粉操作时，加水量不仅要视面粉的吸水率大小，还要看第一次发酵的程度而定。第一次面团发得越老，加水量就越少；反之，第一次发酵不足，则在第二次调粉时就应适当多加一些水。另外，酵母的繁殖力随面团加水量的增加而增大，故在第一次发酵时，面团可适当地调得稍软一些，以利于酵母的增殖。但又不能过软，以免由于油、盐及糖的反水化作用而使面团变软、发黏，不利于成型操作。

（3）用糖量　酵母正常发酵时的碳源主要依靠自身的淀粉酶水解面粉中的淀粉而获得。但在第一次调粉时，原料中能供鲜酵母生长繁殖所需的碳源主要是面粉中原有的含量很少的可溶性糖，以及由面粉和酵母中的淀粉酶水解淀粉而获得的可溶性糖分。但是，在发酵初期酵母中的淀粉酶活力不强，如果再加上面粉本身的淀粉酶活力甚低的情况，这些糖分就不能充分满足酵母生长和繁殖的需要，此时，就需要在第一次调粉时，在面团中加入 1%～1.5% 的饴糖或葡萄糖，以加快酵母的生长繁殖和发酵的速度，这与加入淀粉酶有相同的效果。当然，如果面粉中淀粉酶的活力很高，就不需加糖。同时，应该注意过量的糖对发酵是极为有害的，会降低酵母的活力。第二次调粉时，无论何种发酵饼干，加糖的目的都不是为了给酵母提供营养，而是为了满足工艺要求和改善成品的口味。因为经过第一次发酵，酵母的数量和活力大增，无需再额外补充营养。

（4）用油量　发酵饼干的面团由于对酥松度的要求，要使用较多的油脂，总使用量比韧性饼干和某些低档的酥性饼干多。但过量的油脂对酵母的发酵是不利的，因为油脂会在酵母细胞膜周围形成一层不透性的薄膜而阻碍酵母正常的代谢作用，特别是当使用液态油脂时，由于其流散度较高，而使这种不利影响变得更为剧烈。所以，在调制发酵饼干的面团时，通常使用优良的猪板油或其他固体起酥油。另外，在解决多用油脂以提高饼干的酥松度和尽量减少对酵母发酵活动的影响的矛盾时，一般都采用将一部分油脂在和面时加入，另一部分则与少量面粉、食盐等拌成油酥，在辊轧面团时加入。

（5）用盐量　发酵饼干的食盐加入量一般为面粉总量的 1.0%～2.0%。食盐对面筋有增强其弹性和坚韧性的作用，从而提高面团的抗胀力和保气性；食盐同时又是面粉中淀粉酶的活化剂，能增加淀粉的转化率，以供给酵母充分的糖分；食盐是调节口味的主料，能满足改善口味的需要。食盐最显著的特点就是具有抑制杂菌的作用。虽然酵母的耐盐力比其他有害菌强得多，但过高的食盐浓度同样会抑制其活性，使发酵作用减弱。为此，通常将配方中用盐总量的30%在第二次调粉时加入，其余70%的食盐则在油酥中拌入，以防数量过多的食盐对酵母作用产生影响。

发酵面团在发酵过程中物理性能的变化，首先表现为干物质质量的减轻。面团在发酵过程中酵母菌利用了一些营养素，产生的CO_2有相当一部分挥发损失掉，故使面团的质量有所减轻。面团中各气体的成分也有了明显的改变，发酵前面团内的气体主要是空气，发酵后面团中充斥了大量的CO_2和少量的乙醇，结果使面团体积膨大，并带有酒香味。其次是热量的放出和含水量的增加。酵母无论是在无氧呼吸还是在有氧呼吸过程中都要产生一定的热量，并且有水生成，因而面团会出现变软、发黏、流散性增加的现象。发酵后面团中的有机酸含量增加，pH值降到4.5~5.0。

第五节 饼干成型

不同种类的饼干有其不同的成型方法，现有的成型方法有冲印成型、辊印成型、辊切成型及其他饼干的成型方法等。

一、冲印成型

冲印成型是一种将面团辊轧成连续的面带后，用印模将面带冲切成饼干坯的成型方法。这种方法有广泛的适应性，不仅能用于韧性饼干的生产，而且也能适用于其他如苏打饼干和某些酥性饼干等的生产，其技术也比较容易掌握。

冲印成型法目前仍是我国许多饼干生产厂家采用的主要成型方法。冲印成型设备是饼干生产厂家不可缺少的成型设备，这是因为在没有其他成型设备的情况下，只要有冲印成型机械就可以生产多种大众化的饼干及较好的酥性饼干。反之，如果只有辊印成型机而无冲印成型机，就不能生产苏打饼干和韧性饼干，一般的酥性饼干生产也要受到限制，只能生产高档的酥性和甜酥性饼干。冲印成型机操作要求十分高，要求面皮子不粘滚筒，不粘帆布，冲印清晰，头子分离顺利，落饼时无卷曲现象。不管面团是否经过辊轧，成型前必须压延成规定厚度。已经过辊轧的面带仍然较厚，且经过划块折叠的，不能直接冲印成型，必须在成型机前的2~3对滚筒上再次辊轧成薄片，方能冲印成型。不需特殊辊轧的面团，可在成型机前的滚筒上辊轧成规定厚度、光滑的面片后即可进行冲印成型。由于韧性饼干面团弹性大，烘烤时易产生表面起泡现象，底部也会出现洼底，即使采用网带或镂空铁板也只能解决洼底而不能杜绝起泡，所以必须在饼坯上冲有针孔。

冲印成型机前的滚筒有1~3对，目前以2~3对滚筒的成型机较多。轧制面带时，先将韧性面团撕裂或轧成小团块状，在成型机的第一对滚筒前的帆布输送带上堆成 60～150mm 厚，由输送带穿过第一对滚筒，辊轧成 30～40mm 厚的初轧面带，再进入第二对滚筒，辊轧成 10～12mm 厚的面带，最后再经第三对滚筒轧成 2.5～3.0mm 厚的面皮，即可进入成型工序冲印成型。如图 3-5 为饼干冲印成型机。

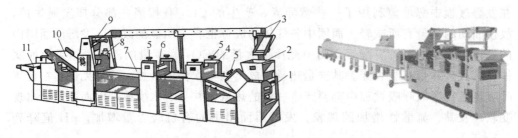

图 3-5　饼干冲印成型机
1—头道辊；2—面斗；3—回头机；4—二道辊；5—压辊间隙调整手轮；
6—三道辊；7—面坯输送带；8—冲印成型机构；9—机架；
10—拣分斜输送带；11—饼干生坯输送带

这里有几个问题必须注意：第一对滚筒直径必须大于第二、三对滚筒的直径，一般约为 300～350mm，多数情况下为 300mm；第二、三对滚筒的直径约为 215～270mm，以 216mm 者居多。这样的变化能使滚筒的剪切力增大，即使是比较硬的面团亦能轧成比较紧密的面带。每对滚筒的下辊位置固定，上辊可以上下调节，通过调节上下辊之间的距离可以达到调节面片厚度的目的。

由成型机返回的头子应均匀地平摊在底部。因为头子比较坚硬，结构比较紧密，且面团压成薄片后表面水分蒸发，比新鲜面团要干硬，铺在底部使面带不易粘帆布。如发现冲印后粘帆布时，可在第一对滚筒前的帆布上刷上一层薄薄的面粉；粘滚筒时也可撒少许面粉或涂一些液态油。每对滚筒的上下均须装有弹性可调的刮刀，使其在旋转过程中自行刮清表面的粉屑，防止越积越多，造成面带不光洁和粘辊。要想做到在面带通过各对滚筒时既不拉长又不断裂，既不重叠又不皱起，就要调节好每对滚筒之间的距离及各对滚筒的运转速度和帆布的运输速度，使各部分的运转协调一致。为了保证冲印成型的正常操作，防止面带绷得过紧，拉长或断裂，在面带的压延和运输过程中，须使第二对滚筒和第三对滚筒轧出的面带保持一定的下垂度，以消除面带压延后内部产生的张力。面带经毛刷扫清面屑和不均匀的撒粉后即可进入成型阶段。

成型是依靠冲印机上印模的上下运动来完成的。韧性饼干的生产宜采用带有针柱的凹花印模。因为韧性饼干的面团由于面筋水化得充分，面团弹性较大，烘烤时饼坯的胀发率大并容易起泡，底部易出现凹底。

冲印成型的特点就是在冲印后必须将饼坯与头子分离。头子用另一条角度约为 20°的斜帆布向上输送，再回到第一对滚筒前的帆布上重复压延。韧性饼干的头子分离并不困难。头子分开后,长帆布应立即向下倾斜,防止饼干卷在两条帆布之间。

长帆布与头子帆布之间的距离在不损坏饼坯的情况下,要尽量压低些。最好在长帆布下面垫一根直径为10mm的圆铁,使已经冲断的头子向上翘起,易于分离。头子帆布的一头由木滚筒传动,另一头是扁铁刀口,使刀口在不损伤帆布的情况下尽量薄一些,这实际上也是降低两条帆布之间的距离。

二、辊印成型

高油脂饼干一般都采用辊印机成型。因为用冲印成型生产高油脂饼干时,面带在滚筒压延及帆布输送和头子分离等处容易断裂。另外,辊印成型的饼干花纹图案十分清晰。辊印设备占地面积小,产量高,无需分离头子,运行平稳,噪声低,这些优点是冲印成型所无法比拟的,所以采用辊印成型的厂家越来越多。如图3-6所示为饼干辊印成型机,图3-7为饼干辊印成型原理图,图3-8为辊印成型机的辊。

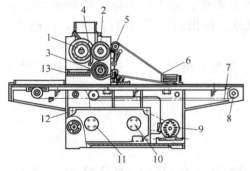

图3-6 饼干辊印成型机
1—喂料辊;2—印模辊;3—橡胶脱模辊;4—刮刀;
5—张紧辊;6—帆布脱模带;7—生坯输送带;
8—输送带支架;9—电机;10—减速器;
11—无级调速器;12—机架;13—余料盛盘

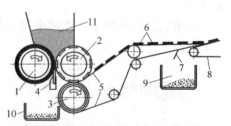

图3-7 辊印成型原理
1—喂料辊;2—印模辊;3—橡胶脱模辊;
4—刮刀;5—帆布脱模带;6—饼干
生坯;7—帆布带刮刀;8—生坯
输送带;9,10—面屑斗;11—料斗

辊印成型机的成型部分由三个辊组成:喂料槽辊、花纹辊和橡皮脱模辊。喂料槽辊上有用于给料(面团)的沟槽,花纹辊上有均匀排布的凹模,转动时将面团辊印成饼坯,在花纹辊的下方,有一个橡皮辊用来将饼坯脱出。

具体成型过程是把调制好的面团盛放于成型机的加料斗内,加料斗下方的开口正好对准喂料槽辊和花纹辊,喂料槽辊与花纹辊在齿轮的驱动下相对回转,料斗内的酥性面团依靠其自身的质量落入两辊表面的饼干凹模之中。以后由位于两辊下面

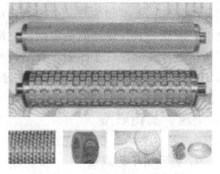

图3-8 辊印成型机的辊

的分离刀将凹模多余的面料沿花纹辊切线方向刮落到面屑接盘中。花纹辊旋转,含有饼坯的凹模进入脱模阶段。此时,橡皮脱模辊依靠自身形变将粗糙的帆布脱模带紧贴在饼坯底面上,并使其接触面间产生的吸附作用力大于凹模的光滑内壁与饼坯间的接触结合力,这样,饼坯便顺利地从凹模中脱出,然后饼坯由帆布输送带送往烤炉钢带上,进炉烘烤。

在辊印成型过程中,分离刮刀刃口位置较高时,凹槽内切除面屑后的饼坯略高于轧辊表面,从而使得单块饼坯的分量增加;当刃口位置较低时,又会出现饼坯毛重减少的现象。刃口位置以在花纹中心线下 2～5mm 处为宜。

橡皮脱模辊的压力大小也对饼坯成型质量有一定的影响。若压力太小,会出现坯料粘模现象;若压力太大,会使饼坯厚度不匀。因此,橡皮脱模辊的调节,应使其在能顺利脱模的前提下,压力尽量减小一些。

辊印成型要求面团稍硬一些,弹性小一些。面团过软会形成坚实的团块,造成喂料不足,脱模困难,有时会使刮刀铲不清饼坯底板上的多余面屑,使脱出的饼坯外缘形成多余的尾边,影响饼干的外形美观。若面团调得过硬及弹性过小,同样会使压模不结实,造成脱模困难及残缺,烘出的饼干表面有裂纹,破碎率也会增大。

辊印成型还适用于在面团中加入芝麻、花生、桃仁、杏仁及粗砂糖等小型块状的品种。

三、辊切成型

辊切成型是集中了冲印成型和辊印成型的特点于一体的一种成型方法。辊切成型机身的前段是冲印成型的压延辊,面团在这里被多对滚筒压延成规定厚度的面带,然后由帆布带将压延好的面带送往成型部分。机身的后半部分即是辊切成型部分。面带先由花纹辊压出饼坯的花纹,然后面带前进,由后方的刀口辊将印好花纹的面带切成饼坯,与此同时产生了头子,再由斜帆布带分去头子,重新调面或压延。这种成型法既不像冲印成型那样可集花纹芯子与刀口于一体,也不像辊印成型那样使饼坯一次辊印成型。由于这种成型机是先将面团压延成面带,然后再辊切成型的,因此,具有广泛的适应性。它既可以用于韧性饼干、苏打饼干的生产,又可用于酥性和甜酥性饼干的生产,这种成型方法已得到了广泛的应用。图 3-9 为饼干辊切成型机,图 3-10 为辊切成型原理示意图。

四、其他成型

1. 杏元饼干的成型

杏元饼干的成型方法是将配好的浆料用挤浆的方式滴加在烘烤炉的载体(钢

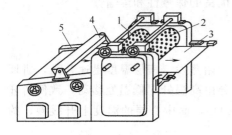

图 3-9　饼干辊切成型机
1—印花辊；2—切块辊；
3—帆布脱模带；4—撒
粉器；5—机架

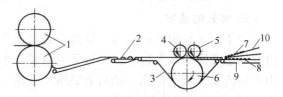

图 3-10　辊切成型原理示意图
1—定量辊；2—波纹状面带；3—帆布脱模带；
4—印花辊；5—切块辊；6—脱模辊；7—余料；
8—饼干生坯；9—水平输送带；10—倾斜输送带

带）上，一次成型，进炉烘烤。目前杏元饼干的生产设备主要有两种形式：一是以烘盘为载体的间歇挤出滴加式成型机；二是以钢带为载体的连续挤出滴加式生产流水线，它由挤浆部分、烤炉部分和冷却部分组成。间歇挤出式逐渐被淘汰，连续生产机正得到推广。

2. 蛋卷的成型

蛋卷的成型是将调制好的浆料通过上浆板，把浆料涂在高温制皮筒上，烘烤成软皮后，再经制卷系统将软皮卷成一定螺旋角度的蛋卷圆筒，经冷却后切断成规定长度，即成酥脆的蛋卷。制皮滚筒可由电或煤气加热。

3. 华夫饼干的成型

华夫饼干的成型有半机械化和连续化等方式，目前采用半机械化成型的厂家较多。半机械化生产是将面浆倒入刻有方格或菱形花纹的转盘式华夫制片机的烤模中，合上模盖板后，迅速加热，使其在短时间内经受高温而使水分蒸发。面浆中的空气和化学膨松剂所产生的气体，在密闭的烤模内产生很大的压力，使面浆充分膨胀，充满整个烤模的有效空间。在烤模顶部两侧开有狭小的气孔，水蒸气和其他气体带着剩余浆料从小孔中急速排出。

除了以上成型方法外，还有挤花成型、钢丝成型等方法。

第六节　饼干的焙烤、冷却与包装

一、饼干烘烤的基本理论

成型机制出饼坯后，要进入烘烤成熟阶段。在烘烤中饼干经短时间加热，发生一系列变化，包括饼坯中水分的蒸发、淀粉的熟化、蛋白质的变性、酵母的死亡及饼坯内各种气体的挥发、膨胀等，使生坯变成了熟饼干，产生了较深的颜色、诱人的香味、酥松可口的多层次结构，并赋予制品优良的保藏性和运输性。

（一）水分的变化

1. 水分的蒸发

由于饼坯在炉内受到高温烘烤，表层水分开始蒸发，表层温度迅速升高，饼坯内部的温度则升高缓慢，温度远低于表层，水分由高温处向低温处移动，致使饼坯中心层的水分有所增加。随后表层温度可达180℃，而中心层的温度上升缓慢，约在3min左右才能达到100℃。

烘烤时烘炉的温度不宜过高，如果在高温条件下不供给水蒸气，则会使饼干表面颜色变暗甚至焦糊。强烈的高温会使饼干坯的水分急剧蒸发干燥，在外表面形成硬壳，使水的扩散困难，往往会造成"外焦里生"的现象。

2. 水分的转移

在烘烤过程中，随着温度的升高，饼坯内部的高水分开始向表层水分区移动，由于表层水分不断蒸发、减少，使水分的蒸发逐渐向饼坯内部进行。整个水分变化过程可大致分为三个阶段。

（1）变速阶段 此阶段从开始计时，经过1.5min左右。水分蒸发在饼坯表层进行，表面高温蒸发层的蒸气压力大于饼坯内部低温处的蒸气压力，所以一部分水分又被迫移向饼坯中心，使中心的水分较烤前约增加2%，所排除的水主要是游离水。此时表层温度约升高至120℃。

（2）快速烘烤阶段 时间约需2min，水分蒸发面向饼干内部推进，饼干坯内部的水分层逐层向外扩散。这个阶段水分蒸发的速度基本不变，表层温度在125℃以上，中心温度也达100℃以上。这个阶段水分下降速率很快，饼坯中大部分水在此阶段散逸，主要是游离水，也有部分结合水。

（3）恒速干燥阶段 此时整个饼坯的温度都达到100℃以上，水分的排除速度比较慢，排除的主要是结合水。烘烤的最后阶段，水分的蒸发极其微弱。这一阶段的作用是使饼干上色，使制品获得美观诱人的色泽。这种反应称作焦糖化反应。其反应最适宜的条件是pH值为6.3，温度为150℃，水分为13%左右。

烘烤时，影响水分排除的因素主要有：炉内相对湿度、温度、空气流速及饼干的厚度和含水量等。炉内相对湿度低，有利于水分蒸发，但在烘烤初期相对湿度过低，会使饼干表面脱水太快，使表面很快形成一层硬壳，造成内部水分向外扩散困难，影响了饼干的成熟和质量；炉内的空气流速大，方向与饼干垂直有利于水分蒸发；饼干含水量高，干燥过程较慢，烘烤时间相对较长；含糖、油辅料少且结构坚实的饼干坯烘烤时间长；饼干越厚，烘烤耗时越长，且表面易焦糊。因此，厚饼干要采用低温、长时间的烘烤工艺。饼坯均匀地且满满地排列在网带或烤盘上有利于提高烘烤速度和保证成品的质量。

（二）温度的变化

饼干坯在烘烤过程中温度是不断上升的。在进入炉口时，饼坯的温度只有30～

40℃。首先是表面受热，温度很快升高至 100℃；在进炉后 1.5～2min 内，表层温度就达到 120℃ 左右，中间温度也将上升至 110℃ 左右。待到烘烤点，饼干表层温度可达 180℃，中心层温度在 108～114℃。

（三）厚度的变化

饼坯烘烤后其厚度是明显增加的。烘烤后的饼干成品和烘前的生饼坯相比，酥性饼干的厚度一般增加 160%～250%，韧性饼干约增加 200%～250%。饼坯在烘烤中产生了许多 CO_2 和 N_2，这些气体受热膨胀，由于面筋的保气性，使之不能很快逸散到饼坯之外，而在饼坯内产生了很大的膨胀力，使饼坯的厚度急剧增加。在 2.5min 内，酥性饼坯厚度急剧增大，可达原厚度的 2 倍左右；韧性饼干在 3.5min 内其厚度增大为原来的 1.7～2.5 倍左右。随着烘烤进程的延长，膨松剂分解完毕，饼坯表层温度可达到 100℃ 以上，表面的淀粉和蛋白质受热凝固，使厚度又逐渐变薄，饼干定型，直到烘烤结束。

从饼坯的水分、温度、厚度的变化综合来看，温度迅速上升，大量排除水分的时候，也正是饼坯厚度急剧增大的时候。待排除结合水时，饼坯的厚度便不再增大，并开始有所下降。

饼干的胀发率与面团的软硬度、面筋的抗胀力、膨松剂的产气性能、炉温的高低及炉膛内相对湿度的大小均有密切的关系。当面团调得过硬及筋力较大时，面团的抗胀力即大于气体的胀发力，饼坯的厚度就不会有太大的增加；若面团调制得软，烤炉内温度又高，炉内湿空气流动缓慢，饼坯的胀发力就会大。在正常情况下，气体的胀发力稍大于面团的抗胀力，制出的饼干较为理想。若面团的抗胀力过大，就容易出现僵硬，在无孔眼的载体上烘烤，饼干还会出现凹底的现象，反过来说，气体的膨胀力过大，就会使饼干结构过于松散，容易破碎、粘底或烘烤时胀裂，成品率下降。

（四）化学变化

1. 膨松剂的变化

调制面团时配料中所加的化学膨松剂有碳酸氢钠、碳酸氢铵等以及一些有机酸盐。当炉内饼坯温度升高到 40～50℃ 时，碳酸氢铵开始分解，到饼坯的温度升到 60～70℃ 时，碳酸氢钠也开始分解。分解时所产生的 CO_2 和 NH_3 使饼坯膨胀，接近烘烤终点时，这些气体中的绝大部分将排除到饼干之外。

2. 酶的变化

面粉中原有的各种酶及作为改良剂加入的淀粉酶，在饼坯进炉后温度升至 45～65℃ 时，活力最大。但是饼坯温度在短时间内即可上升到 85℃ 以上，这时酶的活力就被破坏，因而，酶对饼干烘烤的影响是极其微弱的。

3. 酵母的变化

苏打饼干生产中使用大量的活性酵母，在烘烤初期，温度刚刚上升，酵母的活性就会大大增强,其呼吸作用十分强烈。这个过程是极短暂的,在饼坯温度上升至60℃时,酵母就会全部死亡。

4. 淀粉的糊化

当炉内饼坯温度达到55~80℃时,饼坯表面淀粉发生了糊化,使饼坯表面产生光泽。光泽的出现是淀粉糊化的结果,但淀粉的糊化需要较高的水分和温度来实现,因此,要求炉膛进口处有较高的相对湿度。

5. 蛋白质的凝固

饼坯中的蛋白质在受热时发生不可逆的凝固反应。在调粉时,面粉中的蛋白质吸水胀润形成湿面筋,烘烤时,由于蛋白质胶体中水分的逐渐蒸发,其胶体特性失去而凝固。这一过程是在烘烤的快速阶段产生的。蛋白质的凝固对饼干的定型具有重要的意义。

6. 上色反应

上色出现在饼干烘烤的最后阶段,此时水分的蒸发已经极其微弱,酥性饼干大约在进炉后2~3min时,即进入上色阶段。糖类的焦化、奶制品、蛋制品等在烘烤中均参与饼干的上色反应。

此外,在烘烤过程中,酒精、醋酸等物质也会受热挥发出去。饼坯的pH值也因醋酸的挥发或碳酸钠的生成略有升高。

二、烘炉内的温度与烘烤时间

炉内的温度过高、过低都不利于饼坯的烘焙。如温度过高会导致饼干烘烤过度,颜色变深,甚至焦煳;如采用的温度过低,饼干会烘烤不足,由于水分蒸发缓慢且不能达到应有的色泽,饼干的含水量过高,颜色灰白,甚至会出现不熟的现象,保存期也被大大缩短。因此,掌握好烘炉的温度和烘焙时间,对饼干成品质量有着非常重要的意义。

(一) 韧性饼干的烘烤

韧性饼干的面团因在调制时使用了比其他饼干更多的水,且因搅拌时间长,淀粉和蛋白质吸水比较充分,面筋的形成量大,面团弹性较大,所以在选择烘烤温度和时间时,原则上应采取较低的温度和较长的时间。在烘烤的最初阶段底火升高快一些,待底火上升至250℃以后,面火才开始渐渐升高到250℃。在此以后,由于处于定型和上色阶段,底火比面火低一些。如果是某些较高档次的产品,其油、糖含量较高,比较接近于酥性饼干,故可采用高一些的温度进行烘烤。

(二) 酥性饼干的烘烤

酥性饼干的配料使用范围广,块形各异,厚薄相差悬殊大,在烘烤过程中要确定一个统一的烘烤参数是相当困难的。对配料中油、糖含量高的高档酥性饼干而言,可以采用高温短时的烘烤方法,使其表面温度几乎在 0.5min 内即可升高到 100℃,中心层温度在 3min 内也能达到 100℃。另外为了防止饼干成品破碎,生产中还采用了厚饼坯的生产工艺,厚度比一般饼坯厚 50%~100%。对于糖、油含量高的高档酥性饼干,在烘烤中容易出现摊得过大的现象,为解决这个问题,除在调粉时适当提高面筋的胀润度之外,还应在饼坯的定型阶段的烤炉中对湿度进行控制。其措施是采取将烤炉中间区的湿热空气输送到烤炉前区的办法,如果不具备这种条件,也可将中间区湿热空气直接排到炉外来解决问题。

对于配料一般的普通酥性饼干,需要依靠烘烤来胀发体积。因此宜采用较高的底火、较低而呈慢慢上升的面火的烘焙工艺,使其在能保证体积膨胀的同时,又不至于在表面迅速形成坚实的硬壳。

(三) 苏打(发酵)饼干的烘烤

苏打(发酵)饼干的饼坯在烘烤初期中心温度逐渐上升。饼坯内的酵母作用也逐渐旺盛起来,产生大量的 CO_2,使饼坯在炉内迅速胀发,形成海绵状结构。发酵饼干的烘烤温度,入炉初期需要底火高,面火可以低一些,使饼坯处于柔软状态,不使其迅速形成硬壳,有利于饼干坯体积的胀发和 CO_2 的外逸。发酵饼干的烘烤工艺非常关键,温度和时间的选择是否合适,对成品质量至关重要,俗话说"三分做,七分烤",虽然在这里夸大了烤的作用,但也不无道理。一个好的面团即使发得十分理想,但在烘烤时,温度、时间选择不当,就会使发酵优良的产品报废。反之,如果面团发得不够理想,若烘烤得法,也仍能获得较好的产品,所以应十分重视烘焙的作用。

发酵饼干的烘烤温度一般选择在底火 330℃ 左右,面火 250℃ 左右。另外,发酵饼干的烘烤不能采用钢带和铁盘,应采用网带或铁丝烤盘。因为钢带不容易使发酵饼干产生的 CO_2 从底面散失。

三、饼干的冷却与包装

(一) 饼干的冷却

饼干刚出炉时的表面温度很高,可达 180℃,中心温度约为 110℃。饼干出炉时很软,水分含量也比成品饼干高,含水量为 8%~10%,如此高的温度和含水量不适宜马上进行包装,必须把饼干冷却到 38~40℃ 时才能包装。如果趁热包装,不仅妨碍饼干内热量的散失和水分的继续蒸发,易使饼干变形,而且还会加速油脂氧化酸败,降低饼干在储存过程中的稳定性。

在冷却过程中,饼干中的水分发生剧烈的变化。饼干经高温烘烤,其中的水分分布是不均匀的，中心层水分含量高，外层较低。冷却时，饼干内部水分向外转移，随着热量的散失，转移到饼干表面的水分继续向空气中扩散，大约5～6min，水分挥发到最低限度；随后的6～10min属于水分平衡阶段；再往后饼干就进入了吸收空气中水分的阶段。但上述数据并不是固定的，它会随着空气的相对湿度、温度及饼干配料等的不同而不同。所以，应根据上述不同的因素来确定冷却时间。根据经验，当采用自然冷却时，冷却传送带的长度为炉长的150%时才能使饼干达到要求的温度和水分。

如果使用较长的烤炉时，在烤炉的后区，饼干还未出炉时，即应停止加热，这样就不至于使饼干出炉后立即遇冷而产生内应力，造成裂缝和变形。这种现象在当天难以发现，只有到第二天才逐渐明显，所以一经发现有裂缝，应立即采取措施防止冷却过快，以免造成损失。

1. 韧性饼干

由于韧性饼干糖、油用量少，在烘烤时脱水量就比较大，急速冷却时，极易造成饼干出现裂缝，所以就更应该防止降温过快和输送带上方的空气过于干燥。为此，可采用输送带上方加罩的方法来解决。另外，韧性饼干常加入亚硫酸钠和焦亚硫酸钠等改良剂，用于调节面团中面筋的胀润度，但是这种改良剂的存在会使成品保藏时的稳定性下降，容易产生酸败。所以加工中要求饼干能充分冷却，使之尽量接近室温后再进行包装。

2. 酥性饼干

酥性饼干出炉时较软，一旦产生积压，饼干就要受外力作用而变形。为了解决这个问题，冷却带的长度宜为烤炉长度的1.5倍以上，但过长的冷却带，既不经济，又占用大量的空间。因此，酥性饼干冷却的适宜条件是：温度为30～40℃，室内相对湿度为70%～80%。如果在室温25℃，相对湿度约为80%的条件下，进行饼干自然冷却，时间约为5min，其温度可降至45℃以下，水分含量也达到要求，基本上符合包装要求。

3. 甜酥性饼干

甜酥性饼干所含的糖、油量较高，在高温情况下，即使饼干中的水分含量很低，饼干也会很软，何况刚出炉时饼干表面温度在180℃左右，所以必须防止饼干的变形。甜酥性饼干在烘烤完毕时，水分含量为8%左右，在冷却过程中，随温度的下降，依靠饼干内的余热，水分可继续蒸发，在接近室温时，水分达到最低值，稳定一段时间后，又要逐渐吸收空气中的水分，而使其水分含量上升。饼干的包装应选择在水分含量相对稳定时为最佳，过早包装，饼干的温度降不下来，水分含量也没有降到最低。如过晚包装，已过饼干含水量的稳定期，虽然温度降下来了，但饼干又要吸收周围的水分，使含水量上升，不利于保存。

4. 苏打饼干

由于苏打饼干配方中不含糖，与甜饼干相比，油脂容易酸败，所以最好是在饼干充分冷却后再包装。由于出炉时已经固定成型,不存在冷却变形的现象。但若在冷却时,采用急骤通风,产品也会出现裂缝现象,应加以注意。

(二) 饼干的包装

饼干冷却到规定温度后立即进行包装。将饼干包装起来可以防止或减少运输及销售过程中饼干的破损;可以防止饼干受虫害和周围环境的污染,使饼干与外界空气隔绝,既可减少因饼干与外界湿空气接触而变潮、变软,甚至发霉,同时也可有效地防止或减轻饼干内油脂的氧化酸败;好的包装还可以吸引更多的消费者。所以包装历来都是生产厂家所重视的。

1. 包装要求

根据工艺要求,饼干的包装应尽量在接近室温时进行,最好在出炉后的6~10min内进行包装,此时正是饼干含水量相对稳定的阶段。如包装太迟,饼干的含水量会提高。包装时应分检出烤焦、破碎、花纹不清以及弯曲变形的次品饼干。包装宜迅速,计量要准确,质量须保证。

2. 包装形式

(1) 马口铁听包装 采用此包装制成的饼干听(筒或盒),形状有正方形、长方形、圆形、扁圆形等,大小依据需要来定,不作具体规定。该包装色彩鲜艳,密封好,强度大,无毒,经久耐用,防火,保香性能都较其他包装形式好,但价格较高,一般用于高档饼干的包装。

(2) 聚乙烯塑料薄膜包装 用此材料进行包装,封口简便,机械化程度较高,防潮性能好,价格便宜,且聚乙烯袋便于印刷。

(3) 真空包装 近几年来,随着新材料的不断出现和包装技术的发展,真空包装技术得到广泛应用。对于真空包装材料的要求是不透气,不透湿,故采用的都是复合膜材料制成的包装袋。如聚乙烯-铝箔-尼龙。真空包装由于抽出了袋中的空气,使得饼干的保存期大大延长。但这种包装的费用也较高。

(4) 收缩包装 此包装形式是利用拉伸后定型的聚乙烯在加热的情况下有收缩恢复到原来形态的特性,其收缩率可达10%~20%,饼干包装紧密,外形挺括,不易变形,但密封性稍差。

(5) 复合材料包装 复合材料是由多种材料复合而制成的,如前所述的真空包装材料即属此类。目前应用较广的是纸-塑复合,透明纸-聚乙烯或聚丙烯复合等,防潮性和密封性都较好,且因有纸和透明纸,便于印刷,色彩鲜艳,价格适中,很受消费者欢迎,有广泛的发展前景。

(6) 其他包装形式 其他包装形式有卷装、纸盒装、牛皮纸袋装等。

饼干包装选用何种包装形式,要依品种、销售对象、储存时间长短而定。但不管采用何种形式,都必须符合国家卫生标准。

饼干最适宜的储存温度是18℃以下,相对湿度不超过75%,应避光保存。

第七节 杂粮饼干的制作实例

一、玉米苏打饼干

苏打饼干与一般甜味饼干不同,其糖和油的含量少,是使用酵母发酵制成的,酥松可口,营养丰富,常作为主食和嗜好食品。

(一) 配方

玉米粉 40kg,白面粉 60kg,小苏打 1kg,干酵母 2kg,食盐 1.5kg 和植物油 14kg。

(二) 主要设备

烘炉、搅拌机和压面机等。

(三) 工艺流程

玉米粉、白面粉、酵母和水→第一次调粉→第一次发酵→第二次调粉→第二次发酵→压面、包油酥→成型→烘烤→冷却→整理→包装、成品

其中第二次调粉的原料是:玉米粉、面粉、小苏打、油脂、食盐和水。

(四) 操作要点

1. 第一次调粉与发酵

首先把玉米粉与白面粉按 4∶6 的比例均匀混合,过筛备用。取总发酵量 50% 的混合粉放入搅拌机中,加入配方中的酵母和适量的水,搅拌 4min 左右,然后放置在温度为 28℃、湿度为 75%~80% 的环境中发酵 6h。

2. 第二次调粉与发酵

在第一次发酵好的面团中加入剩余的混合粉,再加入油脂、精盐和水等辅料,最后加入小苏打,在搅拌机中搅拌 4min 左右,置于温度为 28℃、湿度为 75%~80% 的环境中发酵 3h。

3. 压面、包油酥

将油脂、玉米面粉和精盐混合均匀,制成油酥备用。把发酵好的面团放到压面机中先压 7 次,折叠 4 次,包入油酥,再压 6 次,折叠 4 次,使面团压至光滑,并使面团形成数层均匀的油酥层即可。

4. 成型与烘烤

把面团压成 2mm 厚的面块,然后切成大小均匀的长条状,放进烤盘中,再在面片上打上均匀的针孔,放到烘炉中进行烘烤。烘烤初期把底火调为 250℃,面火为 220℃;中期把面火逐渐升高至 250℃,底火逐渐降低至 220℃,最后阶段把底火和面火都降至 200℃,烘烤大约需要 10min,至饼干呈金黄色为好。

5. 冷却与包装

烘烤好的饼干完全冷却后,再进行包装。

(五) 注意事项

1. 酵母用量

在面团发酵过程中,增加酵母的用量,可以促使面团发酵速度加快。但是,当酵母用量过大时,面团中提供的营养不足,则酵母的生长受到抑制,会影响面团的醒发,从而影响到苏打饼干的膨松感。

2. 小苏打用量

小苏打是制作苏打饼干的一种重要原料。它在烘烤过程中会分解产生 CO_2,从而使饼坯的体积膨胀增大,其分解的温度为 60~150℃。如果小苏打使用时加入量过多,会使饼干的碱性增强,影响口味,同时碱也会与面粉中的色素反应,使饼干内部色泽变黄。

3. 食盐用量

食盐对面筋有增强弹性和坚韧性的特点,能使面团抗胀力提高,增强面团的保气性,食盐又能增加淀粉的转化率,提供酵母充足的糖分;食盐还可调节口味,满足不同口味的需求。但食盐最显著的特点就是具有抑制杂菌的作用。虽然酵母的耐盐力比其他病原菌强得多,但过高的盐含量同样会抑制其活性,使发酵速度减弱。为此,通常将配方中用盐总量的 30% 在第二次调粉时加入,其余的 70% 则在油酥中拌入,以防用量过多对酵母产生影响。

4. 烘烤温度

烘烤苏打饼干时,第一阶段应当使烤炉的底火旺盛,面火温度则应当相应低些,这样可以使开始阶段的饼坯表面尽可能保持柔软,防止形成硬壳,有利于饼坯体积的胀发和 CO_2 气体的散逸。如果烤炉的温度过低,即使发酵良好的饼坯也将变成僵片;而在合理的烘烤处理下,尽管发酵不太理想的面团也能得到较好的产品。在烘烤的中间阶段,虽然水分在继续蒸发,但重要的是将胀发到最大限度的体积固定下来,获得优良的焙烤弹性。因此,要求表面火势渐增而底面火势渐减。此阶段温度若不高,表面不能凝固成型,胀发起来的饼坯重新塌陷而使饼干密度增大,制品最终将不够酥松。最后阶段,即饼干上色阶段的炉温通常低于前面各阶段,以防止饼干色泽过深。

二、牛奶伴侣燕麦饼干

燕麦里含有丰富的赖氨酸和色氨酸,并且亚油酸也极为丰富,维生素 E 和 B 的含量均高于大米、小麦,还含有治疗高血脂的生育三烯醇、可溶性纤维素和低聚糖,由此可见,燕麦饼干的研制有着重要的意义。

(一) 配方

面粉 10kg, 燕麦 1kg, 奶粉 750g, 棕榈油 2kg, 鸡蛋 300g, 白糖 2.5kg, 精盐 50g, 小苏打 75g, 转化糖 250g, 碳酸氢铵 50g, 炼乳香精少许。

(二) 主要设备

磨浆机、辊轧机、成型机、烘烤炉、鼓风机、包装机等。

(三) 工艺流程

精盐、小苏打、碳酸氢铵(前三者加定量水溶解搅拌)与奶粉、白糖、转化糖、鸡蛋液、香料→搅拌→搅拌(棕榈油和面粉)→调粉→辊轧成型→刷表→烘烤→冷却→整理→包装、入库

(四) 操作要点

1. 材料的预处理

(1) 面粉预处理　面粉使用前必须过筛, 目的在于清除杂质, 并使面粉中混入一定的空气, 有利于饼干酥松。

(2) 糖预处理　白砂糖晶粒在调面团时不易溶化, 而且为了清除杂质与保证细度, 将白砂糖磨成糖粉, 并用 100 目的筛过筛。

(3) 燕麦粉预处理　燕麦粉使用前必须过筛, 有利于在面团中均匀分布, 增加口感度。

2. 面团的调制

按照面粉的吸水程度适当添加水量, 一般为 5%左右。加水过多, 面团产生韧缩, 压片后易于变形; 加水不足, 面团干燥松散, 成型困难, 面团过硬, 成品不松脆。

3. 辊轧

将调制好的面团经过辊轧, 制成厚度均一、形态平整、表面光滑的面片。

4. 成型

经过辊压的面片, 经成型机制成各种形状的饼干坯。

5. 刷表

用调制好的鸡蛋液给饼干坯表面刷表, 要求做到适度均匀。

6. 烘烤

饼坯入炉烘烤, 炉温为 200～280℃, 烘烤时间视温度的高低而定。

7. 冷却

利用鼓风机的鼓风进行降温, 空气流速≤2.5m/s, 冷却适宜温度为 30～40℃, 室内相对湿度为 70%～80%。

8. 包装

采用 500g 或 250g 装, 包装箱内使用内衬纸, 纸箱外部用绳带扎扣。

复 习 题

1. 简述饼干的分类。
2. 试述韧性饼干、酥性饼干、苏打饼干的概念及生产工艺流程。
3. 简述面团形成的基本过程。
4. 影响面团形成的主要因素有哪些?
5. 简述各种面团的调制技术。
6. 饼干成型方法有哪些?如何进行成型?
7. 简述饼干烘烤的基本理论。
8. 举例说明饼干的制作过程。

第四章 面包生产工艺

第一节 概 述

一、面包的概念

面包是以面粉、酵母、糖为主料,添加适量的辅料,经搅拌、发酵、成型、醒发、烘烤等工序而制成的食品。

面包生产中经过发酵和烘焙后,面包体积充分膨胀,组织多孔膨松,淀粉糊化,蛋白质变性,表面积增大,有利于各种消化酶发挥作用;在发酵过程中,淀粉和蛋白质被分解成结构简单易消化的小分子物质;在发酵中产生的二氧化碳,使面包产生多孔结构,在咀嚼时可储存唾液,从而增大了各种消化酶与面包的作用。另外,面包生产不仅适合于机械化生产,更主要的是面包在加工过程中添加了酵母、糖、蛋、油、乳、盐等多种原辅料,使其含有大量的碳水化合物、蛋白质、脂肪、无机盐、维生素等营养物质。因此,面包组织膨松、芳香可口、易于消化吸收;面包冷热皆可食用,携带方便,在人民生活中已占有重要位置,深受人们的欢迎。

二、面包的分类

面包的种类繁多,目前,世界上市场销售的面包种类至少有300多种,其种类又根据不同分类依据而异。

(一) 按风味分类

1. 主食面包

主食面包,顾名思义,即作主食来消费的面包。主食面包的配方特征是油和糖的比例较其他的产品低一些。根据国际上主食面包的惯例,以面粉量作基数计算,糖用量一般不超过10%,油脂低于6%。其主要根据是主食面包通常是与其他副食品一起食用的,所以本身不需添加过多的辅料。主食面包主要包括平顶或弧顶枕形面包、大圆形面包、法式面包。

2. 花色面包

花色面包的品种很多，包括夹馅面包、表面喷涂面包、油炸面包圈及因形状而异的品种等几大类。它的配方优于主食面包，其辅料配比属于中等水平。以面粉量作基数计算，糖用量为12%～15%，油脂用量为7%～10%，还有鸡蛋、果料、牛奶等其他辅料。与主食面包相比，其结构更为松软，体积大，风味优良，除面包本身的滋味外，尚有其他原料的风味。

3. 调理面包

属于二次加工的面包，由烤熟后的面包再一次加工制成，主要品种有：三明治、汉堡包、热狗三种。实际上这是从主食面包派生出来的产品。

4. 丹麦酥油面包

这是近年来开发的一种新产品，由于配方中使用较多的油脂，又在面团中包入大量的固体脂肪，属于面包中档次较高的产品。该产品既保持面包特色，又近于馅饼及千层酥等西式糕点类食品。该产品问世以后，由于酥软爽口，风味奇特，加上香气浓郁，备受消费者的欢迎，近年来获得较大幅度的增长。

（二）按加工程度分类

（1）成品　散装面包、包装面包。

（2）半成品　速冻面包。

（三）按面包的柔软度分类

（1）软式面包　如大部分亚洲和美洲国家生产的面包，一般产品含糖、油、蛋较多，质地柔软、细腻，组织膨松。常见的有汉堡包、热狗、三明治等都属于软式面包，我国生产的大都属于软式面包。

（2）硬式面包　大多数欧洲地区生产的面包属于硬式面包，其辅助原料少，以咸味居多。产品口感硬脆，质地较粗糙，缺乏弹性。如法国面包、荷兰面包及我国生产的赛义克、大列巴等面包。

（四）按各国配方特点分类

（1）美式面包　糖、油脂、鸡蛋含量较高，制成的面包质地柔软。主要是主食面包。

（2）欧式面包　辅助原料少，制成的面包带咸味。如法国面包等。

（3）日式面包　带馅的和不采用焙烤工艺的蒸制品。

（五）按烘烤方法分类

① 装模焙烤的面包。

② 装盘焙烤的面包。

③ 直接在烤炉上焙烤的面包。

如图4-1为主食面包，图4-2为各种花色面包。

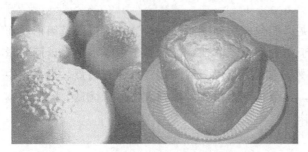
图 4-1 主食面包

图 4-2 各种花色面包

第二节 面包生产工艺流程

如果不考虑发酵方法，面包生产工艺流程基本上是相同的。由于发酵方法不同，各种面包工艺流程也存在一定的差异，具体工艺如下：

（一）一次发酵法工艺流程

原辅材料处理→面团调制→面团发酵→分块→搓圆→装盘→成型→烘烤→冷却→包装→成品

（二）二次发酵法工艺流程

原辅材料处理→第一次调制面团→第一次发酵→第二次调制面团→第二次发酵→分块→搓圆→中间醒发→压片→成型→装盘或装听→最后醒发→烘烤→冷却→包装→成品

（三）快速发酵法工艺流程

原辅材料处理→面团调制→面团发酵→分块→整形→焙烤→冷却→包装→成品

（四）冷却面团的生产工艺流程

原辅材料处理→面团调制→面团发酵→分块→整形→冷冻→解冻→醒发→烘烤→冷却→成品

第三节 面包配方设计与表示方法

面包配方的合理拟定关系到产品的营养价值和工艺性能。所以，对面包的配方必须给予足够的重视。

面包配方中的基本原料是面粉、酵母和水，辅助材料有油脂、砂糖、蛋品、乳品、食盐等。在拟定配方时，各种原辅材料的比例必须恰当。面包的配方一般是以面粉的用量 100 作为基础，其余的各种原料，用占面粉用量的质量分数来表示。当面粉面筋含量较高且筋力较强时，酵母用量应适当增加；如果面粉面筋含量低而筋力弱时,酵母用量则应适当减少。砂糖和食盐同面粉的比例也要适当。如砂糖和食盐用量过多,会因渗透压增大,造成酵母细胞萎缩,降低酵母的发酵力,影响面团的发酵速度;而用量过少,则影响面包的口味。

根据世界各国的食用习惯和原料的资源情况,面包的配方有很大差异。即便在同一个国家或地区,因不同的季节和年份也会影响其配方比例,因此各种原料的比例由面包的品种和原料的性能来确定。现将几种面包配方分别叙述如下,供参考。

一、主食面包

主食面包表面一般不刷油和蛋,多呈黄褐色或棕黄色,口味上包括咸味和甜咸味,口感上分为脆皮型、硬质型和软质型,其配方见表 4-1 和表 4-2。

表 4-1 脆皮面包和硬质面包配方　　　　　　　　　　（单位:kg）

原料种类	高筋粉	米粉	酵母	奶粉	食盐	鸡蛋	食糖	油	水	改良剂	牛奶
法式面包	100		2		2		2	2	58	0.25	
维也纳面包	100		2	3			3	4	60	0.25	
意大利面包	100		2		2				8	0.25	
荷兰脆皮面包	100	15	8		4		15	40	80	—	
德国面包	100		4	3	2		2	4	51	0.8	
罗宋面包	100		0.3		1			4	48	—	
菲律宾面包	100		6	4		12.5	20	8	20		5
桧木面包	100		1.2				8	10	34	—	
英国面包	100		2		2		30	3	62	0.3	

表 4-2 软质面包配方　　　　　　　　　　（单位:kg）

原料种类	高筋粉	奶粉	酵母	食盐	食糖	奶油	水	改良剂	鸡蛋	猪油	奶酪	芝麻	VC
标准吐司面包	100	2	2.5	2	5	5	57	0.1					
奶油甜吐司	100	4	3	1.5	15	8	54	0.25	8				
英国吐司	100	2	3	2	4	4	60	0.2					
奶酪面包	100		2	2	4		63	0.2			10		
日本面包	100	2	2	2	7	7	50	0.1					
芝麻面包	100	2	3	2	2		57	0.2	8			7	
比萨仙美面包	100	2	2	2			53		5	2			0.2

二、甜面包

甜面包在我国习惯上称为点心面包,甜面包中除了面粉、酵母、盐和水等主要原料外,加入了较多的糖、鸡蛋、奶粉、油脂等原辅料。甜面包入口香甜而松软,属于典型的软式面包。甜面包内质和外观质地细腻,组织均匀,形状上花样繁多,外观诱人。其配方见表4-3。

表4-3 甜面包配方 (单位:kg)

原料 种类	高筋粉	低筋粉	食糖	油	鸡蛋	奶粉	酵母	食盐	水	改良剂	奶油	葡萄糖
甜面包	80	20	18	10	5	4	3	1.5	56	0.3		
日本面包	100		25		5	2	0.2	1	50	0.2	6	
哈密瓜面包	100		18			2	3	1	55	0.2	7	3

三、花式面包

花式面包是以面粉为主料,加适量糖、盐、油脂并添加蛋品、乳品、果料等而制成的面包,产品形状多样化,且能适应人们工作和生活快节奏的需要,其配方见表4-4。

表4-4 各种花式面包配方 (单位:kg)

原料 种类	奶油水果 面包	葡萄干 小面包	橘子 小面包	苹果奶酪 小面包	葱油 小面包	奶油软式 小面包	热狗 小面包
高筋粉	85	85	100	100	100	100	100
低筋粉	15	15					
食糖	8	14	4	10	16	16	20
油	8		10	8	14	10	4
鸡蛋	8	10		3		8	8
奶粉	4	6	4	4	4		
食盐	15	1.5	2	2	1.5	1.5	
酵母	3	3	2.5	4	3	4	4
水	58	50	65	50	60	50	44
改良剂	0.3	0.3	0.3		0.3	0.3	
奶油		14					4
奶酪粉				10			
熟苹果丁				30			4
橘子汁				5			

续表

原料 种类	奶油水果面包	葡萄干小面包	橘子小面包	苹果奶酪小面包	葱油小面包	奶油软式小面包	热狗小面包
碎橘子皮					1		
肉桂粉						0.2	
豆蔻粉						0.1	
葡萄干						60	4
橘饼							4
青梅							7

第四节 面团的调制

面团调制俗称和面,也称作调粉或搅拌,就是将处理过的原辅料按照配方的用量,根据一定的投料顺序,调制成适合加工的面团。面团调制是影响面包质量的决定性因素之一。图 4-3 为常见的和面机。

图 4-3 常见的和面机

一、面团调制的目的

面团调制的目的在于:使各种原辅料充分混合,均匀分散,形成质量均一的整体;促进面粉吸水形成面筋,缩短面团形成时间;使面团具有良好的弹性和延伸性,具有良好的持气能力,改善面团的加工性能。

二、面团调制过程中的变化

在面团调制过程中,面团的物性变化可分为六个阶段。

（一）原料混合阶段

面粉等原料被水调湿后，水化作用仅在面粉蛋白质颗粒表面发生一部分，似泥状，黏度大，没有形成面筋，用手捏面团，无弹性和延伸性，没有形成一体，且不均匀。

（二）面筋形成阶段

在不断搅拌过程中，水分逐渐渗入蛋白质内部，被完全吸收。面团成为一个整体，已不黏附调粉机内壁或搅拌器。此时水化作用基本结束，一部分蛋白质形成了面筋，用手捏面团，仍有黏性，手拉面团时，无良好的延伸性，易断裂，缺乏弹性，表面湿润且粗糙，不光滑。

（三）面筋扩展阶段

随着面筋形成，面团表面逐渐趋于干燥，较光滑有光泽，出现弹性，较柔软，用手拉面团，具有一定的延伸性，但仍易断裂。

（四）面团完成阶段

在面筋不断形成的情况下，继续搅拌。使面团外观干燥，柔软而具有良好的延伸性。面团随着搅拌器的转动发出拍打调粉机壁的声音；面团表面干燥而有光泽，细腻整洁而无粗糙感。用手拉面团，具有良好的延伸性和弹性，面团非常柔软。此时，为面团最佳搅拌程度，应立即停止搅拌，开始发酵。

（五）搅拌过度阶段

如果完成阶段不停止搅拌，搅拌程度超过了面筋的搅拌耐度，开始断裂。面筋胶团中吸收的水又溢出，面团表面再次出现水的光泽，出现黏性，失去了良好弹性。用手拉面团时，面团粘手而柔软。面团到这一阶段对制品的质量产生不良影响。

（六）破坏阶段

若继续搅拌，则面团变成半透明并带有流动性，黏性非常明显，面筋完全被破坏。从面团中洗不出面筋，用手拉面团时，手掌中有一丝丝的线状透明胶质。

三、面团调制工艺

（一）原料处理

原料辅料处理是调制面团的准备工序，它的操作正确与否，既直接关系到面团调制、发酵、产品质量，又与成品的卫生指标，以至消费者的健康有关。

1. 面粉的选择

面粉是生产面包的重要原料，只有高质量的面粉才能生产出高质量的面包，因此在生产面包时要注意以下几点：

(1) 面粉的筋力　面粉中的面筋形成网状结构，构成面包的"骨架"。面筋筋力不足，会影响面包的组织和形状。因此，理想面包要选择蛋白质含量高且具有优质面筋的面粉。

(2) 面粉的颜色　面包的颜色受面粉颜色的影响。面粉的颜色愈白，品质愈好。所以，生产面包时要选择品质好的面粉。

(3) 面粉的发酵耐力　面粉发酵耐力，是指面团超过预定的发酵时间，还能生产出良好质量的面包。面粉发酵耐力直接影响到产品内部组织及面包体积的大小。发酵耐力强，对生产中各种特殊情况适应性就强，有利于保持面包质量。

(4) 面粉的吸水量　面粉吸水量高低不仅影响面包质量，而且直接关系到经济效益。吸水量高，产品出品率就高，能降低产品成本，有利于产品储藏和保鲜。

2. 面粉的处理

面粉作为面包生产的基础原料，在生产中除了根据生产不同品种来选择面粉外，还要进行预处理。

在投料前，应根据季节的不同，适当调整面粉的温度，以利于面团的形成和面团发酵。夏季应将面粉储存于阴凉通风良好的地方，以降低温度；冬季则应将面粉置于温度较高的环境中，以提高面粉温度。

另外，在投料前，面粉应过筛，除去杂质，使面粉形成松散而细小的微粒，增加面粉内部空气的量，有利于面团的形成及酵母的生长与繁殖。

3. 酵母的处理

无论是鲜酵母还是普通干酵母，在调粉前一般都应进行活化。对于鲜酵母，应加入酵母重量 5 倍、30℃ 左右的水；对于干酵母，则应加入酵母重量约 10 倍的水，水温以 40~44℃ 为宜。活化时间为 10~20min。活化期间应不断搅拌，使之形成均匀的分散溶液。为了增加发酵能力，也可在酵母分散液中添加 5% 的砂糖，以加快酵母的活化速度。酵母的主要作用是将可发酵的碳水化合物转化为二氧化碳和酒精，使面团起发，生产出柔软蓬松的面包，并产生良好的风味。

酵母使用前，要检验是否符合质量标准。在使用时不能与砂糖、盐、添加剂等辅料一起溶解。溶解时水温不能超过 50℃。酵母溶解后应在 30min 内使用。如果溶解后不能及时使用，要放置在 0℃ 的冰箱中或冷库中短时间储存；若在 -10℃ 下储存时，使用前应解冻然后再进行溶解活化。

面包酵母有两大类：一是耐低糖酵母，适用于糖与面粉的比例为 8% 以下的面团发酵；二是耐高糖酵母，适用于糖面的比例为 8% 以上的面团发酵。

目前研制出即发活性干酵母，该酵母不需要进行活化即可直接使用。这样可节省大量时间。

4. 水的处理

生产面包选用中硬度（8~12°d）的水最为适宜，硬度过大的水会增强面筋的韧性，延长发酵时间，面包口感粗糙；过软的水会使面团过于柔软发黏，缩短发酵时间，面包塌陷不起发。为了改善水质，硬度过大的水可加入碳酸钠，经沉淀后降低其硬度；极软的水可添加微量磷酸钙或硫酸钙，以增加其硬度。

面包酵母的最适pH值为5.0～6.0。碱性水不利于酵母生长，抑制酶的活性，延缓面团的发酵作用。酸性水能提高面团酸度，影响风味，可加小苏打中和。

（二）投料顺序

因发酵方法的不同，投料顺序也不同，下面以不同发酵方法介绍几种常用的投料顺序。

1. 一次发酵和快速发酵法

① 首先将水、糖、蛋、甜味剂、面包添加剂置于搅拌机中充分搅拌，使糖和甜味剂溶化均匀，面包添加剂均匀地分散在水中，能够与面粉中的蛋白质和淀粉充分作用（如使用鲜酵母应在此工序加入）。

② 将奶粉、即发酵母混入面粉后，放入搅拌机中搅拌成面团（鲜酵母和活性干酵母应先用温水活化）。酵母与面粉在一起加入，可防止即发酵母直接接触水快速产气发酵，或因季节变化使用冷、热水对酵母活性造成伤害。奶粉混入面粉中可防止直接接触水而发生结块。

③ 当面团已经形成，面筋还未充分扩展时加入油脂。此时，油脂可在面筋和淀粉之间的界面上形成一层单分子润滑薄膜，与面筋紧密结合并且不分离，从而使面筋更为柔软，增加面团的持气性。如果加入过早，则会影响面筋的形成。

④ 最后加盐。一般在面团中的面筋已经扩展，但还未充分扩展或面团搅拌完之前的5～6min加入。发达国家普遍采用这种后加盐法。其优点如下：

- 缩短面团搅拌时间；
- 有利于面粉中的蛋白质充分水化，面筋充分形成，提高面粉吸水率；
- 减少摩擦热量，有利于面团温度的控制；
- 减少能源消耗。

2. 二次发酵法

（1）种子面团制作

① 种子面团调制（第一次调粉）。调制时间不宜过长，一般为8～10min即可。面粉用量约为30％～70％，加水率为55％～60％。面团可稍软些，以利于加快发酵速度。面团温度控制在24～26℃。

② 种子面团发酵（第一次发酵）。将调制好的面团放入发酵室，发酵室温度控制在26～28℃，相对湿度在75％～80％，发酵时间为3～5h即可成熟。

（2）主面团制作

① 主面团调制（第二次调粉）。在种子面团发酵成熟后（面团全部胀起并开始略微下塌时）。将糖、蛋、水等辅料加入搅拌机中搅拌均匀。然后加入发酵好的种子面团进行充分搅拌，再加面粉、奶粉搅拌至面筋初步形成，加入油脂搅拌至与面团充分混合时，最后加入食盐搅拌至面团细腻、光滑为止（搅拌时间一般为12～

15min)。

② 主面团发酵（第二次发酵）。将搅拌好的面团放在 28～32℃条件下，发酵 40～60min 左右即可成熟。时间应根据种子面团与主面团的面粉比例来调节；如果种子面团面粉比例大，则主面团发酵时间可缩短；反之，则应延长。

（三）影响面团调制的因素

为了得到工艺性能较好的面团，面团调制时应注意以下几点：

1. 加水量与水质

投料时必须让水直接与面粉接触，使蛋白质充分吸水形成大量面筋，这样面团在发酵过程中，酵母排出的气体不易逸出，容易形成膨松面团，使产品组织松软体积大。面团加水量要根据面粉的吸水率而定，一般在面粉量的 45%～55% 的范围内（其中包括液体辅料中的水分）。加水量过多造成面团过软，给工艺操作带来困难；加水量过少，造成面团发硬，制品内部组织容易粗糙，并且也会延缓发酵速度。所以，加水量必须适量。

水的 pH 和水中的矿物质含量对面团调制有很大的影响。最适 pH 值为 5～6。pH 值为 5 以下或 6 以上的水影响蛋白质的等电点，会使蛋白质的吸水性、延伸性和面团的形成受到不良影响。因此在使用前先用碱性或酸性酵母营养液调整后再使用。

水中含有一定量的钙盐、镁盐有利于面筋的形成。缺少钙盐、镁盐的蒸馏水和离子交换水，使面团变软，含钙盐、镁盐过多的硬水，又会使面团变硬。对于前者，应添加含有钙离子、镁离子的酵母营养物质；对于后者，则应用水软化处理设备处理。

2. 水的温度

水的温度是控制面团接近发酵温度的一个重要手段。发酵面团温度一般要求在 28～30℃，这个温度不仅适于酵母的生长繁殖，而且有利于面团中面筋的形成。为了得到适宜的温度，一般采用提高和降低水的温度来调节面团的温度。如果冬季室内温度在 20℃ 左右，水温度在 30～40℃ 为宜，但注意最高不要超过 50℃；夏季室内温度在 30℃ 以上时，水的温度应控制在 15℃ 为宜。如单用水温调节面团温度不能达到理想要求时，则需备有冷却设施的调粉机。

3. 搅拌要均匀、适度

为了使酵母能均匀地分布在面团中，需先将酵母与所有水充分搅匀，然后加入面粉，一起搅拌。以保证酵母均匀分布在面团中，促进发酵。搅拌时间一般需要 15～20min，如果使用变速搅拌机，需要 10～15min。搅拌时间还应根据原料性质、面团温度等因素灵活掌握。

面团搅拌过度后，表面变湿发黏，面团过于软化，既弹性差，又无延伸性，极不利于整形和操作，成品体积小，内部组织孔洞多，粗糙，品质差；搅拌不足，面筋未得到充分扩展，持气性差，成品体积小，内部组织粗糙，颜色不佳，结构不均匀且面团发硬,不利于整形和操作,整形时表皮易撕裂,面包表皮不规整。

4. 辅料的影响

(1) 食盐 加盐面团与无盐面团相比,每加 2% 的食盐,面团吸水率就降低 3%。同时食盐可加强面团的韧性,延缓面团形成的时间。因此,食盐量增加,搅拌时间就应延长。

(2) 糖 糖会使面粉的吸水率降低。由于糖的反水化作用,对于蔗糖来说,制备同样硬度的面团,每增加 5% 的糖,吸水率会降低 1%。而且随着糖量的增加,面团吸水速度减慢,面团形成的时间延长,搅拌时间需延长。

(3) 油脂 一般认为,添加油脂不会引起搅拌时间和搅拌耐力的变化。但是添加油脂后,面团韧性增强,增强了面筋的持气能力。

(4) 乳粉 在面团中加入脱脂乳粉会增加吸水率。每增加 1% 的脱脂乳粉,面团的吸水率增加 1% 左右。因为脱脂乳粉吸水缓慢,需要延长搅拌时间,否则制出的面团发软。

(5) 添加剂 不同的添加剂对面团调制产生不同的影响。

① 氧化剂。快速型与慢速型氧化剂对调粉时间的影响不同。快速型氧化剂(如碘酸钾)能增加面团的硬度,延长面团的形成时间。增加面团的吸水率 2%~3%,延长搅拌时间;慢速型氧化剂(如溴酸钾)由于它在搅拌过程中几乎不起作用,因而没有影响。

② 还原剂。使用半胱氨酸、亚硫酸氢钠等还原剂使面筋变软,缩短搅拌时间,促使面筋网络的交联。如果用 20~40mg/kg 的半胱氨酸,则使搅拌时间缩短 30%~50%。

③ 酶制剂。淀粉酶的液化和糖化作用能使面团软化,搅拌时间缩短,并且使面团的黏性增大,给操作带来困难;蛋白酶能分解蛋白质,使搅拌的机械耐力减少,面团被软化,也影响到面团的发酵能力。所以,蛋白酶的使用量应严格控制。

④ 乳化剂。乳化剂与淀粉和蛋白质相互作用,不仅具有乳化作用,而且还有面团改良作用。它可使面团韧性加强,提高面团搅拌耐力,从而使搅拌时间延长。乳化剂还促使油脂在面团中的分散,与油脂一起在面团中起到面筋网络润滑剂的作用,有利于面团起发膨胀。

第五节 面团的发酵

面团发酵是面包加工过程中的关键工序之一,与面团的调制是密切相关的两个工序。面粉等各种原辅料搅拌成面团后,必须经过一段时间发酵过程,才能加工出体积膨大、组织松软、有弹性、口感膨松、风味诱人的面包。

一、面团发酵的目的

面团发酵的目的是利用酵母菌在其生命活动过程中所产生的 CO_2 和其他成分,促进面团体积膨胀,富有弹性,并赋予制品特殊的色、香、味及多孔性结构;促进面团氧化,使面团柔软伸展,增强保持气体的能力。

二、面团发酵的基本原理

(一)面团发酵中酵母的变化

酵母是加工面包的四大要素原料之一。在调粉时所加入酵母的数量,不够面团发酵的需要。第一次发酵的主要目的是使酵母芽孢增殖,为第二次面团发酵打基础。酵母在面团发酵过程中主要起到三方面作用:

① 能在有效时间内产生大量的二氧化碳气体,使面团膨胀,并具有轻微的海绵结构,通过烘烤,可制成松软适口的面包;

② 酵母有助于麦谷蛋白结构发生变化,为在烘烤中面包体积最大限度的膨胀创造了有利条件;

③ 酵母的生长繁殖过程中,产生多种复杂的化学芳香物质,以增加面包特有的风味。

生产面包所用的酵母是一种典型的兼性厌氧微生物,其特点是在有氧和无氧条件下都能存活。要使酵母在面团发酵中充分发挥上述作用就必须创造有利于酵母繁殖生长的环境条件。当酵母在养分供应充足及空气足够的情况下,呼吸作用旺盛,细胞迅速增长,能迅速将糖分解成 CO_2 与 H_2O,其总的反应如下:

$$C_6H_{12}O_6 + 6O_2 \longrightarrow 6CO_2 + 6H_2O + 2821.4 \text{kJ}$$

随着呼吸作用的进行,CO_2 逐渐增加,面团的体积逐渐增大,O_2 逐渐减少,酵母的有氧呼吸转变为缺氧呼吸,即发酵作用。

$$C_6H_{12}O_6 \longrightarrow 2C_2H_5OH + 2CO_2 + 100.5 \text{kJ}$$

在整个发酵过程中,酵母代谢是一个很复杂的反应过程,这个过程是在多种酶的参与下,经过糖酵解(或称无氧氧化)作用由己糖生成丙酮酸。在这个过程中有氧呼吸与糖酵解的前一段作用完全相同,只是从丙酮酸开始在 O_2 充分供给时,由丙酮酸以三羧酸循环的方式生成 CO_2 和 H_2O,使面团体积膨胀,当无 O_2 供给时,酵母本身含有脱羧酶与脱羧辅酶,可将丙酮酸经过 α-脱羧作用生成乙醛,乙醛接受磷酸甘油醛脱下的氢生成乙醇。赋予面团特殊的风味。酵母的有氧呼吸和无氧发酵的关系可用下列简式表示:

$$\text{己糖} \rightarrow \text{呼吸和发酵的中间产物丙酮酸} \begin{cases} \rightarrow \text{有氧呼吸产生 } H_2O \text{ 和 } CO_2 \\ \rightarrow \text{无氧发酵生成 } C_2H_5OH、CO_2 \text{ 及其他产物} \end{cases}$$

在实际生产中，酵母的有氧呼吸和无氧呼吸作用是同时进行的，即面团内 O_2 充足时则以有氧呼吸为主，当 O_2 不足时则以发酵为主。在生产实践中，为了使面团充分起发，要有意识地创造条件使酵母进行有氧呼吸，产生大量 CO_2，在发酵后期要进行多次揿粉，以排除 CO_2 增加 O_2。但是也要适当地创造缺氧发酵条件，以便生成一定量的乙醇及乳酸等，来提高面包特有的风味。

（二）面团发酵中酶的作用与糖的变化

酵母菌的生命活动是依靠面团中含氮物质与可溶性糖类作为氮源与碳源的。酵母生长繁殖仅能利用单糖，单糖是酵母生长繁殖的最好营养物质。在一般情况下，面粉中的单糖很少，不能满足酵母生长繁殖的需要。在面团发酵过程中单糖来源主要有以下两方面。一是在配料中加入的蔗糖，经转化酶水解成转化糖。所以，有时需在发酵初期添加少量化学稀或饴糖以促进发酵。二是面粉中含有的淀粉和淀粉酶，淀粉酶在一定条件下可将淀粉分解为麦芽糖。在发酵时，酵母菌本身可以分泌麦芽糖酶和蔗糖酶，这两种酶可以将面团中麦芽糖及蔗糖分解为酵母可以直接利用的单糖。其化学变化可以分为两步进行。

第一步是部分淀粉在 β-淀粉酶作用下生成麦芽糖，其反应式如下：

$$2(C_6H_{10}O_5)_n + nH_2O \xrightarrow{\text{淀粉酶}} n(C_{12}H_{22}O_{11})$$
$$\text{淀粉} \qquad\qquad\qquad\qquad \text{麦芽糖}$$

第二步是麦芽糖在麦芽糖转化酶作用下生成葡萄糖，其反应式如下：

$$C_{12}H_{22}O_{11} + H_2O \xrightarrow{\text{麦芽糖转化酶}} 2C_6H_{12}O_6$$
$$\text{麦芽糖} \qquad\qquad\qquad\qquad \text{葡萄糖}$$

此外，在面粉中含有少量蔗糖，部分蔗糖在蔗糖转化酶作用下生成葡萄糖和果糖，其反应如下：

$$C_{12}H_{22}O_{11} + H_2O \xrightarrow{\text{蔗糖转化酶}} C_6H_{12}O_6 + C_6H_{12}O_6$$
$$\text{蔗糖} \qquad\qquad\qquad\qquad \text{葡萄糖} \qquad \text{果糖}$$

三、影响面团发酵的因素

在发酵过程中，既要有旺盛的酵母产气能力，又要有保持气体的能力，这就要求面团具有既要有弹性，又要有延伸性的面筋膜。因此，影响面团发酵的主要因素实质上就是影响酵母的产气能力和面团的持气能力的因素，其中影响因素有多个方面。

（一）原辅材料

1. 小麦面粉

小麦面粉中蛋白质的数量和质量是持气能力的决定因素。如果面粉中含有弱力面筋时，在面团发酵时所生成的大量气体不能保持而逸出，容易造成面包坯塌架，所以面包生产应选择强力粉。而且，面粉的成熟度不足或过度都使持气能力变弱。因此面粉成熟不足应使用氧化剂，成熟过度应减少面团改良剂的用量。

2. 酵母

在相同品种、相同条件下，酵母用量越多，发酵力就越大，可以促进面团发酵速度。反之，降低酵母的用量，面团发酵速度就会明显减慢。同时，在一定范围内，面团中加入的水越多酵母繁殖速度就越快，反之则越慢。

3. 糖

糖的使用量为5%～7%时酵母的产气能力大，超过这个范围，糖量越多，发酵能力越受抑制，但产气的持续时间长，此时要注意添加氮源和无机盐以补充酵母营养提高发酵力。糖使用量在20%以内可增强持气能力，在20%以上则持气能力下降。短时间内，由于抑制了酵母的发酵力，呈现出发酵耐力。随着酸的急剧产生，pH值的下降，持气能力也随之衰退。

4. 食盐

食盐能抑制酶的活力。因此，添加食盐的量越多，酵母的产气能力越受抑制。食盐可增强面筋筋力，使面团的稳定性增大。

5. 乳粉和蛋品

乳粉和蛋品含有较多的蛋白质，在面团发酵时具有pH缓冲作用，有利于发酵的稳定。同时，它们均能提高面团的发酵耐力和持气性。

6. 酶

糖化酶在一定时间内所起的作用比较缓慢，在发酵的后期可增强产气能力。淀粉酶和蛋白酶的作用使面团软化或弱化，即对面团稳定性起负作用，大量使用可显著减弱发酵耐性。

7. 酵母食料

酵母食料中的铵盐在发酵中期以后可增大酵母产气能力，但不能过量使用。

（二）工艺条件

1. 加水量

面团中加水量要根据面粉的吸水能力和面粉中蛋白质含量多少来确定。面粉中蛋白质含量高则吸水率高，反之，则吸水率低。一般情况下，面团调制得软一些，有助于酵母芽孢增长，可以加快发酵速度。但是加水过多，反而使面团弹性减弱，持气能力下降。柔软面团易受酸的作用，长时间保持气体较困难，面团硬则对气体的抵抗能力强，从而抑制了面团的发酵速度。可以根据需要，在第一次调制面团时，面团的加水量多一些，以促进酵母的繁殖，有利于缩短发酵时间，提高生产效率。

2. 温度

面团温度对调粉中的水化速度，发酵过程的持气能力，以及面团的软硬度有很大的影响。发酵中温度高的面团，酶的作用旺盛，酵母的产气速度过快持气能力弱。因此，长时间发酵的面团必须在低温下进行。

3. 面团 pH 值

面团调制后的 pH 值在 5.5～6.0 之间，酵母适宜在酸性条件下生长，随着发酵的进行，面团 pH 值随着下降，产气能力增强。pH 值在 5.0 以下时，持气能力显著下降。因此面团调制后 pH 值在 5.5～6.0 之间，产气能力强。

4. 面团搅拌

最初的搅拌条件对发酵时的持气能力影响很大，特别是快速发酵法要求面团搅拌必须充分，才能提高面团的持气性。而长时间发酵如两次发酵法，即使在搅拌时没有达到完成阶段的面团，在发酵过程中面团也能膨胀，形成持气能力。

5. 氧化程度

面粉的氧化程度决定着持气能力的大小，面粉质量是最主要的因素，氧化程度低的面团表面湿润，缺乏弹性，氧化过度的面团易断裂。因此要选用适当的面粉添加剂，使面团最大限度地保存发酵产生的气体。

四、面团发酵技术

面团发酵时最重要的是控制温度、湿度，使之有利于酵母的正常生命活动和发酵。一般情况下，发酵室温度为 28～30℃，相对湿度为 70%～75%，发酵时间应根据发酵方法来确定。

在发酵过程中，面团中的 CO_2 气体越来越多，空气逐渐变少，酵母由有氧呼吸变为无氧呼吸（酒精发酵），发酵速度减慢。因此，可以利用揿粉的方法来促进面团的发酵速度。

（一）揿粉的作用

揿粉可排出 CO_2 气体，掺入新鲜空气，提高发酵后劲，并使面团内的温度均匀，发酵均匀，气泡更加均匀细致。揿粉是面团发酵后期不可缺少的工序。发酵成熟的面团，应立即进行揿粉。

（二）揿粉的方法

将已起发的面团中部压下去，除去面团内部的大部分 CO_2，把发酵槽四周及上部的面团拉向中心，并翻压下去，再把发酵槽底部的面团翻到槽的上面来（揿粉又称为翻面）。揿粉后的面团，再让其继续发酵一定时间，使其恢复原来的发酵状态，然后再进行第二次或第三次揿粉。使用强力粉可多揿，使用弱力粉则少揿。也可采用搅拌机搅拌的方式来达到揿粉的目的。

（三）揿粉的时间

面团揿粉时间掌握的合适与否，对面包质量有着重要的作用。现在大多数面包厂是凭经验来掌握的。即采用判断面团发酵成熟的程度来决定揿粉的时间，发酵成熟，是揿粉的最好时间。如发酵过度，则说明揿粉时间已晚，应该立即进行揿粉。

五、面团发酵成熟的判断

面团发酵成熟是指面团发酵到最佳状态。未成熟的面团称为嫩面团，发酵过度的面团称为老面团。面团成熟度与面包质量有密切关系。用成熟适度的面团制得的面包，皮薄有光泽，瓤内的蜂窝壁薄，半透明，有酒香和酯香味；用成熟不足的嫩面团做出来的面包，体积小，皮色深，瓤的蜂窝不匀，香味淡薄；用成熟过度的面团制得的面包，皮色淡，有皱纹，灰白色无光泽，蜂窝壁薄，有大气泡，有酸味和不正常的气味。因此，准确判别面团的适宜成熟度，是面团发酵管理中的重要环节。

判别面团成熟度有几种方法。一是用手指轻轻插入面团内部，待手指拿出后，如四周的面团不再向凹处塌陷，被压凹的面团也不立即复原，仅在凹陷处周围略微下落，表明面团成熟；如果被压凹的面团很快恢复原状，表明面团嫩；如果凹下的面团随手指离开而很快跌落，表示面团成熟过度。二是用手将面团撕开，如内部呈丝瓜瓤子状，说明面团已经成熟。三是用手握面团，如手感发硬或粘手是面嫩的表现；如手感柔软且不粘手就是成熟适度；如面团表面有裂纹或有很多气孔，说明面团已成熟过度。如果完全凭感官来观察，当面团表面刚出现回落现象时，即为发酵成熟。

第六节　面团的整形与醒发

将发酵成熟的面团做成一定形状的面包坯的过程称为整形。整形包括分块、称量、搓圆、静置、成型、入模或装盘等工序。将整好形的面包坯经过末次发酵，使面包坯体积增加 1~1.5 倍，也就是形成面包的基本形状，这个过程称为成型或醒发。

一、整形

在整形期间，面团仍在继续进行着发酵过程。在这一工序中不能使面团温度过低和表皮干燥。因此，操作室最好要装有空调设备。操作室的温度过高或过低都会影响面团的继续发酵。整形室要求的适宜条件为：温度为 25~28℃，相对湿度为 60%~70%。

（一）面团分块称量

按照成品规则的要求，将面团分块称量。因为在面团的切块和称量期间，面团中的气体含量、相对密度和面筋的结合状态都在发生变化。所以,在分块工序中最初的面团和最后的面团的物理性质是有差异的。为了把这种差异限制在最小程度,分块应在尽量短的时间内完成。主食面包的分块最好在15~20min内完成,点心面包最好在30~40min内完成分块。否则,因发酵过度,将影响面包质量。

分块工序分为手工分块和机械分块。手工操作必须有熟练的操作技术,动作要迅速。手工操作时,将发酵成熟的面团放在操作台上,将大块的面团切成一定量的小面块,然后进行称量。

机械分块比手工分块对面团的组织破坏要严重得多。因此使用机械分块时,发酵面团要嫩一些,即发酵时间不宜太长,使面团柔软一些,尽量降低面团韧性,减少机械分块造成的损害。现在,切块与称量一般用自动定量切块机来完成,速度快,定量准确。

一般面包坯经过烘烤后,其重量损失约为10%~12%。所以在切块称量时要把重量损失考虑在内,对面包生坯重量一般要根据配方中面粉的含量来确定。

(二) 搓圆

搓圆是将不规则的浊面块搓成圆球形状,使其芯子结实,表面光滑的过程。搓圆的目的在于:使分割好的面块形成规则的圆球形;切块后的小面块切口有黏性,搓圆时施以压力,使皮部延伸将切口处覆盖;切块时,面筋的网状结构被破坏,搓圆可以恢复其网状结构;搓圆能排出部分二氧化碳,使各种配料和温度分布均匀,有利于酵母的繁殖。

为了减少面团的黏着性,要尽量使面团与空气接触,使表皮的游离水降低;还可撒上铺粉或油脂,以润滑其表面。

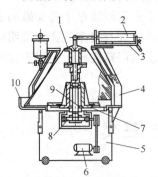

图4-4 伞形搓圆机
1—伞形转体;2—撒粉盒;3—控制板;4—支撑架;5—机座;6—电机;7—轴承座;8—涡轮涡杆减速器;9—主轴;10—托盘

搓圆分为手工搓圆和机械搓圆两种。手工搓圆是掌心向下,五指握住面块,向下轻压,在案面上向一个方向旋转,将面块搓成圆球形;机械搓圆是由搓圆机完成的。目前我国采用的搓圆机大致有三种:伞形搓圆机、锥形搓圆机、圆桶形搓圆机。其中伞形搓圆机如图4-4是国内使用很广泛的一种。图4-5是搓圆成型的工作原理图。

(三) 中间醒发

中间醒发又称为静置。小块面团经切块、搓圆后排除了一部分气体,内部处于紧张状态,面团缺乏柔软性,如果立即成型,面团表面易破裂,使内部裸露出来,具有黏性,面筋受到了极大的损伤,包不住气体,面包体积小,外观质量差,保存时间短。因此,经搓圆的面团需要经过一段时间的醒发。

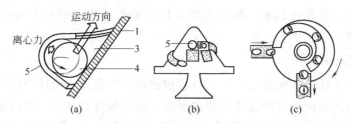

图 4-5 伞形搓圆机工作原理图

(a) 球体的形成；(b) 面团进出口位置；(c) 面团运动情况

1—伞形转体；2—螺旋导板；3—螺旋导槽；4，5—面团

中间醒发的作用是缓和由切块、搓圆工序产生的紧张状态，以利于后道工序的操作；使酵母尽快适应新的环境，恢复活性，进一步产生气体，补充因搓圆、切块而损失的气体，使气体分布均匀；使面筋恢复弹性，调整面筋延伸方向，增强持气性；使面团柔软，表面光滑，易于成型，不黏附机器。因此，中间醒发虽然时间短，但对提高面包质量具有不可忽视的作用。中间醒发工序一般在中间醒发箱（机）里进行。常用的醒发机有带式、箱式和盘式等几种。图 4-6 为醒发箱。

图 4-6 醒发箱

中间醒发的工艺条件如下。①环境温度以 27~29℃ 为宜。温度过高，会促进面团迅速老熟，持气性变坏和面团的黏性增大；温度过低，醒发迟缓，延长中间醒发时间。②相对湿度为 70%~75%。相对湿度太低，面包坯外表易结壳，使发酵的面包内部残存硬面块或条纹；相对湿度过大，面包坯表皮结水使黏度增大，影响下一工序的整形操作或被迫大量撒粉影响成品的外观。③中间醒发时间一般为 8~20min。中间醒发后的面包坯体积相当于中间醒发前体积的 0.7~1 倍。膨胀不足，成型时不宜延伸；膨胀过大，成型时排气困难，压力过大，易产生撕裂现象。

（四）面团压片

压片是提高面包质量、改善面包纹理结构的重要手段。压片的目的是把面团中原来的不均匀大气泡排除掉，使中间醒发时产生的新气体在面团中均匀分布，保证面包成品内部组织均匀，无大气孔。

面团压片的关键在于压片机，利用手工压片其质量远远不如压片机。图 4-7 为全自动压片机，压片时可根

图 4-7 全自动压片机

据面团软硬度适量撒浮面粉，防止粘辊。压出的面片应该规格整齐，不能长短不齐，厚薄不均。否则不易成型。

（五）面团成型

成型是一道技巧性很强的操作，可以按照不同的品种及设计的形状采用不同的方法将压片后的面团做成产品所需要的形状，使面包外观一致，式样整齐。

面团成型分为手工成型和机械成型。各式花面包（如羊角形、蝴蝶形、辫子形、花瓣形等）多用手工成型。

机械成型的操作一般分为三个步骤：首先，将原面团辊轧成椭圆形面片，其厚度为 6mm 左右，辊压出的面片表面应光滑，没有撕裂现象；其次，将面片放入富有弹性的网状卷曲带上，卷成圆柱形，要求卷曲紧密，以免包住大量空气；最后，卷好的面卷，通过压力板，排除面卷中的气泡，并用两边的挡板封闭面卷的接口，避免产生两端纠结的残片与孔穴。

（六）装盘

装盘（听）就是把成型后的面团装入烤盘或烤听内，然后进入醒发室醒发。方法分为手工和机械装盘（听），国外自动化生产线均采用自动装盘（听）。

1. 烤盘（听）刷油和预冷

（1）烤盘（听）的刷油　在装入面团前烤盘（听）必须先刷一薄层油，防止面团与烤盘粘连，不易脱膜。而刷油前应将烤盘（听）先预热 60～70℃，然后再刷油。否则凉盘刷油比较困难，刷油不均匀。

（2）烤盘的预冷　烤盘的温度应与室温相一致，大约为 30～32℃，温度太高或太低都不利于醒发。刚出炉的烤盘温度太高，不能立即装盘，必须冷却到室温后才能使用。

2. 装盘（听）的要求

① 装盘后面团的间距必须均匀一致，四周靠边沿部位应距盘边不低于 3cm。

② 装盘时不能出现"一头沉"的现象，即面团靠烤盘一端装得多，另一端出现空盘。这样醒发时易造成面团互相挤压、变形。

③ 制作夹馅面包时，面片涂抹上馅料后，再卷成圆筒状，分块后水平放置在烤盘上，不要切口朝下，以免焦煳。

④ 加工夹馅或不夹馅面包时，不用烤听，全部用平盘。每盘摆放多少面团，应根据每个面团的剂量大小和烤盘的尺寸来确定。通常先摆几盘进行试验，如果醒发后面团膨胀满盘，互相连接在一起，充满整个空间而成型，即表示装盘合适。烘焙完成后趁热手工分开即可。

⑤ 使用烤听烤制面包时，特别是烤制长方形或方形面包时，面片卷成圆筒状后，一定要把封口处朝下，并与发酵后面卷膨胀方向相反，以使发酵后的面团封口处恰好在下方中间部位。

二、醒发

面团醒发又称最终醒发或后发酵，整形完毕后的面包坯，再经最后一次发酵，使面团达到应有的体积和形状。

（一）醒发的目的

醒发是为了消除在整形过程中产生的内部应力，使面筋进一步结合，增强面筋的延伸性。使酵母进行最后一次发酵，进一步积累产物，使面坯膨胀到所要求的体积，以达到制品松软多孔的目的。

（二）醒发的条件

醒发一般在醒发室或柜中进行，这就要求创造适宜的工艺条件，对醒发室所要求的条件如下：

1. 温度

醒发时的温度取决于多种条件，但主要是根据炉子的烘烤能力确定。如果炉子的烘烤能力强，醒发时的温度可以升高。如果炉子的烘烤能力弱，醒发时的温度可以降低。一般醒发室采用的温度范围为 36～38℃，最高不超过 40℃。温度过高，会使面包坯的表皮干燥，烤出来的面包皮粗糙，有时甚至有裂口，如果温度高于油脂熔点，由于油脂液化，面包体积就会缩小，并且高温也会影响酵母的作用。

2. 相对湿度

醒发室的湿度条件也是面包醒发的重要条件。醒发室的相对湿度应控制在 80%～90%，以 85% 为最佳，不能低于 80%。相对湿度过低易使面包表面结皮，不易使面包坯膨胀，还会影响面包皮的色泽。相对湿度过大，会在面包表面形成水滴，使烤成的面包表面有气泡或白点。醒发时湿度对面包的体积和内部结构没有重大影响，但对面包皮色泽有很大的影响。醒发时湿度低，面包皮色浅、呆白和斑点多；醒发时湿度高，面包皮色均匀光滑。另外醒发时湿度低会加大面包的重量损耗。

3. 醒发时间

醒发的时间与温度有密切的关系，如果醒发的温度一定，醒发时间的延长与缩短都能影响成品的质量。所以，醒发的时间一般都掌握在 40～70min。醒发时间不足，烤出的面包体积小，内部组织不良；醒发时间过长，面包的酸度大。另外由于膨胀过大，超过了面筋的延伸极限，而跑气塌陷，面包皮缺乏光泽和表面不平。

（三）醒发适宜程度的判断

醒发到什么程度可入炉烘烤，这是关系到面包质量的关键。主要是根据面粉的性能和品种的不同，凭经验来判断。常用的方法有三种：

1. 观察体积

根据经验膨胀到面包体积的 80％，即醒发到八成。另外 20％在烤炉中膨胀。有些面粉面筋质量好，在炉内膨胀系数大，则醒发程度还要缩小一些。

2. 观察膨胀倍数

醒发后的面包坯体积经醒发以增加 2～3 倍为宜。

3. 观察形状、透明度

当面包坯随着醒发体积的增大，也向四周扩展，由不透明状态膨胀到柔软、膜薄的半透明状态；用手指摸时，易破裂，跑气塌陷。根据这些现象，选择最适醒发时间。

已醒发的面包坯从醒发室中取出，略微停放使其定型后，应立即进行烘烤。在运送中要特别注意不可震动，以防止面包坯漏气而塌架。入炉前一般在面包坯表面刷一层蛋液或糖浆等液状物质，目的是为了增加面包表皮的光泽，使其丰润，皮色美观等。

第七节 面包的烘烤、冷却与包装

烘烤是面包制作的最后工序，由于这一工序的热作用，使生面包坯变成结构膨松、易于消化、具有特殊香味的面包。

一、面包的烘烤

烘烤是保证面包质量的关键工序，俗话说："三分做，七分烤"，说明了烘烤的重要性。面包坯在烘烤过程中，受炉内高温作用由生变熟，并使组织膨松，富有弹性，表面呈现金黄色，有可口香甜气味。

面包烘烤需要掌握三个重要条件，即温度、时间和面包的品种。在烘烤时需要根据面包的品种、烤炉结构和烘焙技术来确定烘烤的温度及时间。烤箱见图 4-8。

（一）面包烘烤工艺

不管采用哪种烤炉，面包烘烤过程可分为三个阶段：

1. 面包急胀阶段（体积增大阶段）

面包坯入炉大约 5～6min，本阶段应采用较低温度和较高相对湿度的条件烘焙。炉面火要低，防止面包结皮，以利于水分充分蒸发。

图 4-8 烤箱

底火要高,使底面大小固定,使面包体积最大限度膨胀。所以炉内保持60%～70%的湿度,上火不宜超过120℃,下火约为180～190℃。

2. 面包成熟阶段（面包定型阶段）

此时面包内部温度约达到50～70℃,面包体积已基本上达到成品体积的要求,面筋已膨胀至弹性极限,淀粉已糊化,酵母活动已停止。因此,该阶段需要提高温度使面包定型。上、下火温度可同时提高,约为200～230℃。烘烤时间约为3～4min。

3. 烘烤完成阶段（上色成熟阶段）

这个阶段的主要作用是使面包上色和增加风味。此时,面包已经定型并基本成熟,炉温逐步降低,上火应高于下火,上火一般在180～200℃。此温度可使面包表面发生美拉德反应,产生金黄色表皮,并产生香气。下火可降至140～160℃。如果下火过高会使面包底部焦糊。

面包坯经过三个阶段的烘烤,即可形成色、香、味俱佳的面包。如果使用的烤箱不能控制上、下火时,可采取逐步升温加热的方法。即入炉初期,炉温在180℃左右,中间阶段为190～210℃,最后阶段为220～230℃。

（二）面包烘烤时间

烘烤时间长短受到烘烤温度、面包大小、炉内湿度、面包种类、模具和烤盘、面包形状等因素的影响。面包坯体积越大,烘烤时间越长,烘烤温度应降低;同样大小的面包坯,长形的比圆形的烘烤时间短,薄的比厚的烘烤时间短,装模面包比不装模面包所需的时间长,一般小圆面包的烘烤时间多在8～12min,而大面包的烘烤可长达1h左右。烘烤温度相对较高,烘烤时间就短,但面包起发不好,内部组织易发黏,水分大。

使用较多鸡蛋、奶粉、绵白糖或砂糖的点心面包,极易着色。入炉温度必须降低,通常为175～180℃,烘烤时间适当延长,否则极易造成外焦里不熟的现象。主食面包烘烤温度可适当提高。点心面包坯内水分较多,因此,烘烤时间要长些。夹馅面包的烘烤时间也要长些。

（三）烤炉内的湿度控制

炉内湿度对于面包质量有重要的影响。如果炉内湿度过低,会使面包皮过早形成并增厚,产生硬壳,表皮干燥无光泽,限制了面包体积的膨胀,增加了面包的重量损失。如果湿度适当,可加速炉内蒸汽对流和热交换速度,促进面包的加热和成熟,增大面包的体积。此外,还可以传给面包表面淀粉糊化需要的水分,使面包皮产生光泽。

现代化的面包烤炉,都附有恒湿控制的装置,自动喷射水蒸气来提高炉内湿度。大型面包生产线,由于产量大,面包坯一次入炉多,面包坯蒸发出来的水蒸气即可自行调节炉内湿度。但对于小型的烤箱来说,则湿度往往不够,需要在炉内放一盆水来增加湿度。烘烤面包时，不应经常打开炉门。一般烤箱上方均有排烟、排气孔，烘烤时应将其关闭，防止水蒸气从炉内散失。

（四）面包内部组织的质量要求及影响因素

面包组织是面包感官评价的重要指标之一。总的质量要求是，组织均匀，色泽洁白，无大孔洞，富有弹性，柔软细腻，气孔壁薄。面包组织除受烘烤条件的制约外，还与入炉前的各道工序操作有直接关系。

① 发酵不足的面团，面包组织壁厚、坚实而粗糙，气孔不规则或有大孔洞。面包体积小，组织紧密。发酵过度的面团，面包组织壁薄，过软，易破裂，多呈圆形，入炉后引起气孔薄膜破裂，致使面包塌陷或表面凹凸不平，组织不均匀。

② 面团搅拌过度与发酵不足的现象相同。

③ 经过压片、卷起的面团，烘烤后的面包组织非常均匀，无任何大孔洞，气孔小，很像小海绵状，并呈丝状和片状，可用手一片一片地撕下来。

④ 烘烤温度直接影响面包的组织。如果入炉后上火大，面包坯很快形成硬壳，限制了面团的膨胀，造成面包坯内气压过大，使气孔膜破裂，形成粗糙、壁厚、不规则的面包组织。因此，适当的炉温和烘烤方法，对获得均匀的面包组织是非常重要的。一般情况下，适当延长烘烤时间，对于提高面包质量有一定作用，可以使面包中的水解酶作用时间延长，提高了糊精、还原糖和水溶性成分的含量，有利于面包色、香、味的形成和消化吸收。表4-5为烘焙条件对面包品质的影响及其纠正方法。

表4-5 烘焙条件对面包品质的影响及其纠正方法

面包质量特征	影响因素	纠正方法
体积过小	炉温太高，上火过大	调节炉温，检查上火
体积过大	炉温太低，烘烤时间长	适当提高炉温
皮色太深	炉温太高，上火过大，烘烤时间过长	调整炉温，缩短烘烤时间
底部白，中间生，皮色深	下火偏低，上火偏高	加大下火，降低上火，调整炉温及时间
皮色灰暗	炉温偏低，烘烤时间长	调整炉温和烘烤时间
皮层过厚有硬壳	炉内湿度小，炉温低，烘烤时间长	调整湿度，提高炉温，缩短烘烤时间
皮色太浅	炉内湿度小，上火不足，烘烤时间短	调整湿度，加大上火，延长烘烤时间
皮部起泡，龟裂	炉温太高，湿度小，上火过大	调整炉内温、湿度
边缘爆裂	炉内温度高，湿度小	调整炉内温、湿度
皮部有黑斑点	炉温不均匀，上火过大	调整炉温，降低上火

二、面包的冷却

面包出炉以后温度很高，皮脆瓤软，没有弹性，经不起压力，如果立即进行包装或切片，必然会造成断裂、破碎或变形；刚出炉的面包，中心的温度也很高，如果立即包装，热蒸汽不易散发，遇冷产生的冷凝水便吸附在面包的表面或包装纸上，给霉菌生长创造条件，使面包容易发霉变质。因此，为了减少这种损失，面包必须冷却后才能包装。

另外，大面包不经冷却直接包装，会引起表皮产生皱纹现象。对于需要切片的面包，因为瓤内水分大而柔软，黏度大不易切片。因此，面包出炉后必须经过冷却工序。

（一）面包冷却方法

冷却的方法有自然冷却法、吹风冷却法和真空冷却法。自然冷却法是在室温下冷却，这种方法时间长，如果卫生条件不好，易使制品被污染；吹风冷却法是用风扇吹冷风，冷却速度较快。因自然冷却法所需时间太长，故现在大部分工厂采用吹风冷却法。

真空冷却法是目前最新的冷却方式。真空冷却法包括两个过程：先将面包放在控制好温度和湿度的隧道内，使面包温度散发到隧道内，时间大约需 $26\sim 28\mathrm{min}$，此时面包温度降至 $60\degree\mathrm{C}$，而后进入真空冷却室，经过此阶段的减压过程，短时间内面包内部的蒸汽释放出来，使面包内外温度以及湿度能保持平衡。此方法冷却速度快，并不受季节的影响。不论采用哪种方法冷却，都必须注意使面包内部冷透，冷却到室温为宜。

听形面包出炉后即可倒出冷却。摆放时，面包之间不要挤得太紧，要留有一定空隙，以便空气流通，加快冷却速度。

圆形面包出炉后，不宜立即倒盘，应连盘一起放在移动式冷却架上，待冷却到面包表皮变软并恢复弹性后，再倒在冷却台上，冷却至包装所要求的温度。

在冷却过程中，面包从高温降至室温时，其重量的损耗随面包大小的不同而有差异，一般约为 2%～3%。小面包的重量损耗大，大面包的损耗小。

面包冷却装置有多种形式：有的将面包放在缓慢移动的传送带或烤盘上，通过地面隧道或空中隧道进行冷却；有的用箱式冷却。传送带有直线运行的，也有多层运行的。金属板或布的传送带的冷却效果不如网状传送带的冷却效果好。面包在冷却过程中，由于面包本身温度比较高，而外界温度低，温度降低一般先从面包外表皮开始，逐渐向内推移。因冷气流的湿度过小，会加大面包的重量损耗，甚至会引起面包皮干裂，所以应对气流的温度和湿度进行适当的调节，来减少面包水分的损耗，防止表面干裂。

（二）冷却中影响面包重量的因素

冷却中影响面包重量的因素有以下几方面：

（1）相对湿度　气流相对湿度越大，重量损耗越小；反之重量损耗越大。

（2）气流温度　气温低，面包表面的蒸汽压降低，水分蒸发缓慢，重量损耗减小。反之气温高,重量损耗大。

(3) 面包含水量及体积　含水量越大,在冷却中的损耗越大;重量相同的面包,其体积越大,损耗越大。

三、面包的包装

冷却好的面包如果长时间暴露在空气中,水分容易很快蒸发,而使面包外皮变硬,内部组织老化,失去了面包松软适口的特点及特有的风味。如卫生条件不好,也容易生霉变坏。为了避免水分的大量损失,防止面包干硬,保持面包的新鲜程度,保证产品质量,冷却好的面包一般要及时进行包装。当面包冷却到 28~38℃ 时进行包装比较适宜。

(一) 包装的目的

包装的目的是为了保持面包的清洁卫生,避免在运输、储存、销售过程中受污染;防止面包的水分挥发,而失去松软适口的特点,有效地保持面包的新鲜度,延长面包的保鲜期;增加产品的美观,引人食欲,促进销售,从而提高工厂的经济效益。

(二) 对包装材料的要求

面包的包装材料,首先必须符合食品卫生要求,不得直接或间接污染面包;其次,应不透水或尽可能不透气;再者,包装材料要有一定的力学性能,便于机械化操作。常用作面包包装的材料有:耐油纸、蜡纸、硝酸纤维素薄膜、聚乙烯、聚丙烯等。

包装环境适宜的条件是温度在 22~26℃,相对湿度在 75%~80%,最好设有空调设备。

第八节　面包储存技术

面包储存过程中发生着一系列物理和化学以及微生物的变化,使面包质量受到很大影响。面包储存方法是否适当,直接影响面包的货架寿命和保鲜、保质期。

一、面包老化

面包在储藏运输和销售中易发生"老化"现象,也称"陈化"、"硬化"或"固化"。面包老化后,风味变劣;由软变硬,易掉渣;消化吸收率降低,欧式面包失去表皮的酥脆感,变得像潮湿的皮革。因此,面包最好鲜食。有的国家面包出炉后仅供应 1～2 天，之后便作为其他工业原料或饲料出售。

面包老化有很多现象，根据这些现象可鉴定面包是否老化。

(1) 面包心硬度和脆性增大　测定面包（片）硬度，以压缩一定深度所需的力来表示。将面包心切成碎块，放在筛中振荡，用筛下物的多少来表示脆性的大小，即可表示老化程度。目前，多用硬度计来测定。

(2) 面包吸水能力（膨润度）降低　将面包泡湿，然后通过沉降法或离心法测定面包的体积，或者通过测定离心后面包心沉淀物的重量表示老化程度。

(3) 面包心透明度降低　通过光电仪器测定光通过面包的量来表示老化程度。

(4) 面包心可溶性淀粉的减少　将面包加水搅拌成糊状溶液，经离心分离后取上清液，测定其淀粉含量的减少量可评断老化程度。

(5) 对酶的敏感性下降　可通过淀粉酶作用面包，测定生成还原糖的数量，或水解后再发酵测定生成 CO_2 气体的数量来表示老化程度。

(6) 淀粉的结晶性增大　应用 X 射线衍射法测定淀粉结晶性的变化，来判断老化程度。

(7) 黏度下降　用黏度计测定面包黏度，黏度越低，老化程度超高。

(8) 糊化度（α-化度）下降　用酶法、比色法等方法测定淀粉糊化度（α-化度），由其下降值表示老化程度。

(9) 香气消失、产生老化臭味　由感官检验或仪器检验香气、臭味的减少和增加的情况。

面包老化程度的判断，可分为感官判断和理化判断，表 4-6 是感官判断和理化判断面包老化的比较情况，由表 4-6 可以看出，两者结果有一部分一致，但可溶性淀粉和可溶性直链淀粉与感官判断不是完全相对应。因此，面包老化的判断，单凭感官判断是不全面的，还要借助于理化方法。

表 4-6　面包老化的感官判断与理化判断的比较

保存时间/h	面包心可压缩性	感观判断数值	膨胀力	脆性/%	可溶性淀粉/%	可溶性直链淀粉/%
5	210	0.00	3.84	4.6	2.17	0.17
17	485	0.72	3.45	10.6	1.81	0.09
29	155	1.10	3.24	11.7	1.90	0.09
41	129	1.43	3.16	19.3	1.99	0.11
53	119	1.76	2.97	19.7	1.71	0.10
65	101	2.35	2.97	23.3	2.17	0.11
77	92	2.57	2.93	28.0	2.17	0.11
89	86	2.71	2.94	32.0	2.17	0.11
101	73	2.85	2.84	28.0	2.12	0.11

二、延缓面包衰老的措施

从热力学上来说,面包老化是自发的能量降低过程,所以通过一定的措施只能延缓面包老化而不能彻底防止。根据面包老化的机理,人们研究出多种方法来最大限度地延缓面包老化。

(一) 温度

温度对面包老化有直接关系。将面包在60℃保存,其新鲜度可以保持24～48h。在20℃以上储存,老化进行得缓慢;-7～20℃是面包老化速度最快的老化带,面包出炉后应尽量不通过这个温度区。其中,1℃老化最快。30℃时老化速度曲线几乎为一直线,非常缓慢。达到-7℃,水分开始冻结,老化急剧减慢。-20～-18℃时,水分有80%冻结,在这种条件下可长时间防老化。目前国外常用的有效而实用的方法是:在-29～-23℃冷冻容器内,在2h内把面包温度冷却至-6.7℃以下(-6.7℃为面包的冻结温度),然后再降温至-18℃,在此温度下储存面包可以保鲜一个月左右。已经老化的面包,当重新加热到50℃以上时,可以恢复到新鲜柔软状态。

面包配方中使用了糖、盐等,它们的冻结温度为-8～-3℃。如果要使面包中80%的水分冻结成稳定状态,则至少要在-18℃条件下储藏,储存温度与面包硬度增加率见表4-7。

表4-7 储存温度与面包硬度增加率

储存温度/℃	储存时间/天	面包硬度增加率/%	储存温度/℃	储存时间/天	面包硬度增加率/%
-9.5	3	27	-17.8	24	0
-12.5	24	14	-22.0	24	0

高温保存或高温处理也是延缓面包老化的措施之一,温度越高面包的延伸性越大,强度越低,面包越柔软。

(二) 使用添加剂

α-淀粉酶能将淀粉水解为糊精和还原糖,导致立体网络连接的减少,阻碍了淀粉结晶的形成。用量过大,将引起产品黏度增大。一般使用量为面粉用量的0.09%～0.3%。

α-单甘油酸酯、卵磷脂等乳化剂及硬脂酰乳酸钙(CSL)、硬脂酰乳酸钠(SSL)、硬脂酰延胡索酸钠(SSF)等抗老化剂可延缓面包老化。SSL可以改善面包品质,增加面包体积,延长保存期。CSL可以改善面包的保气性,阻止淀粉结晶老化过程。乳化剂和老化剂的正常使用量为面粉用量的0.5%左右。使用这些添加剂可使面包柔软、延缓老化、增大制品体积,同时还有提高糊化温度、改良面团物性等作用。因此，这些添加剂在面包制作过程中被世界各国广泛使用。

（三）原材料的影响

面粉的质量对面包的老化有一定影响。一般来说，含面筋高的优质面粉，会推迟面包的老化时间。在面粉中混入3%的黑麦粉就有延缓面包老化的效果。加入起酥油也有抗老化效果。

在面粉中加入膨化玉米粉、大米粉、α-淀粉、大豆粉以及糊精等，均有延缓老化的效果。

在面包中添加的辅料，如糖、乳制品、蛋（蛋黄比全蛋效果好）和油脂等，不仅可以改善面包的风味，还有延缓老化的作用，其中牛奶的效果最显著。糖类有良好的持水性，油脂则具有疏水作用，它们都从不同方面延缓了面包的老化。在糖类中单糖的防老化效果优于双糖，它们的保水作用和保软作用均较好。

（四）采用合适的加工工艺

为了防止面包老化并提高面包质量，在搅拌面团时应尽量提高吸水率，使面团柔软；采用高速搅拌，使面筋充分形成和扩展。尽可能采用二次发酵法或一次发酵法，而不采用快速发酵法，使面团充分发酵成熟。发酵时间短或发酵不足，面包老化速度快。烘烤过程中要注意控制温度。总之，加工工艺对面包老化具有不容忽视的影响。概括起来就是，搅拌面团时要"拌透"，发酵时要"发透"，醒发时要"醒透"，烘烤时要"烤透"，冷却时要"凉透"。

（五）包装

包装可以保持面包卫生，防止水分散失，保持面包的柔软和风味，延缓面包老化，但不能制止淀粉老化。包装温度对保持面包的质量也有一定的影响。在40℃左右的条件下包装时，保存效果好，在30℃左右的温度下香味保持得最佳。

三、面包的腐败及预防

面包在保存中发生的腐败现象一般有两种：一是面包瓤心发黏；二是面包皮发生霉变。瓤心发黏是由细菌引起的，而面包皮霉变则是因霉菌作用所致。

（一）瓤心发黏

面包瓤心发黏，是由普通马铃薯杆菌和黑色马铃薯杆菌引起的。病变先从面包瓤心开始，原有的多孔膨松体被分解，变得发黏、发软，瓤心灰暗，最后变成黏稠状胶体物质，产生香瓜腐败时的臭味。用手挤压可成团，若将面包切开时，可看见白色的菌丝体。

马铃薯杆菌孢子的耐热性很强，甚至可耐140℃的高温。面包在烘烤时，中心温度不超过100℃，这样就有部分孢子被保留下来。而面包瓤心的水分都在40%以上，只要温度适合，这些芽孢就繁殖生长。这种菌体繁殖的最适温度为35~42℃。

因此，在夏季高温季节，瓤心发黏最容易发生。

1. 瓤心发黏的检验

检查瓤心发黏，除了通过感官检查外，还可以利用马铃薯杆菌含有的过氧化氢酶能分解过氧化氢的性质进行检查。其方法是：取面包瓤2g，放入装有10ml、3％的过氧化氢水溶液的试管中，过氧化氢被分解而产生O_2，计算2h产生的O_2量，从而确定被污染的程度。

2. 瓤心发黏的预防

马铃薯杆菌主要存在于原材料、调料、工具、面团残渣以及空气中。在面包加工前要对面包所用的原材料进行检查。对所用工具应经常进行清洗消毒。对厂房应定期采用下列方法消毒，用稀释20倍的福尔马林喷洒墙壁，或用甲醛等熏蒸。可采用适当提高面包的pH来抑制该菌的生长繁殖。当面包pH值在5以下时，可以抑制这种菌。也可以添加防腐剂，添加面粉量0.05％～0.1％的醋酸，或0.25％的乳酸、磷酸、磷酸氢钙，或0.1％～0.2％的丙酸盐，都有一定效果。但面包酸度过高不受消费者欢迎，所以上述防腐方法只能在一定范围内使用。

如在工艺上采用低温长时间发酵，用质量好的酵母，在炉中将面包烤熟、烤透，冷透后再包装，低温下储藏等方法也可预防瓤心发黏。

（二）面包皮霉变

面包皮发生霉变是由霉菌作用引起的。污染面包的霉菌群种类很多，有青霉菌、青曲霉、根霉菌及白霉菌等。初期生长霉菌的面包，就带有霉臭味，表面具有彩色斑点，斑点继续扩大，会蔓延至整个面包表皮。菌体还可以侵入到面包深处，占满面包的整个蜂窝，以致最后使整个面包霉变。生产上常采用下述措施防止霉变：对厂房、工具定期进行清洗和消毒；定期使用紫外线灯照射和通风换气。

南方春、夏季高温多雨，面包容易生霉。生产中应做到四透，即调透、发透、烤透、冷透。这是防止春、夏季节面包发霉的好方法，其中冷透和发透是关键。

使用防腐剂，用0.05％～0.15％醋酸或0.1％～0.2％乳酸，在防霉上有良好效果。加有乳制品的面包，应增加防腐剂的用量。

第九节　面包生产实例

一、主食大面包

（一）配方

面粉100kg，鲜酵母1kg，食盐1kg，糖5kg，植物油3kg，水58kg，面粉改良剂适量。

(二)操作要点

1. 原辅材料的预处理

选择面筋含量高的面粉过筛,除去杂质。

2. 面团的调制与发酵

第一次调粉及发酵,面粉用量占面粉总量的30%～70%,冬季多些,夏季少些,强筋粉多些,弱筋粉少些。先用占总用水量的55%的温水（28～30℃)溶解酵母,使其活化,然后加入面粉,先慢后快搅拌成面团,在温度为27～29℃,相对湿度为75%～80%的条件下,发酵4h。当面团膨胀起来又开始下落时即可。

第二次调粉及发酵,先用剩余的温水调开第一次发酵的面团,再加入辅料和剩余的面粉,先慢后快进行搅拌,使之形成面团,在32～34℃的条件下发酵1h左右。

3. 成型与醒发

将二次发酵并成熟的面团按规格分切成小面团。用槽型模烘烤的可放入多块小面团。做成其他形状的（如圆形、椭圆形等),按设计数下面团,做好后送入醒发室,醒发室温度约为40℃,相对湿度为85%以上,待面坯的体积增大适宜后入炉烘烤。

4. 烘烤

调好炉温,用中火烤,熟透后出炉,趁热在面包表面刷油,冷却好包装即为成品。

二、辫子面包

辫子面包是花式面包的一种,形状好似辫子,采用手工整形,规格可大可小,上面可以撒上一些果仁类辅料,口味香甜。这种配料也可以做成其他形状的花样面包。

(一)配方

特制粉100kg,白砂糖10kg,鸡蛋4kg,花生油6kg,酵母1kg,精盐0.8kg,水55kg。

(二)操作要点

1. 第一次发酵

先将酵母用少量温水调制均匀,加入极少量糖,将此酵母液在室温下放置15～30min,使其活化后使用。

将20kg左右的水和全部酵母液放入和面机内,搅拌片刻立即加入70kg面粉,至搅拌均匀为止。在28℃的条件下发酵4～6h,待发酵成熟后立即进行第二次发酵。

2. 第二次发酵

将糖、鸡蛋、盐、油（留下2kg刷烤盘用）等辅料投入和面机中，加入16～20kg水搅拌均匀，投入第一次发酵成熟的面团及剩余的面粉（需留1.5kg的面粉作撒粉用），经充分搅拌成均匀面团，放置在29℃的环境下发酵2～3h，待面团发酵成熟后，立即进行整形。

3. 成型

制作规格为0.1kg面粉的面包，每个面包坯应为0.165kg，切块称重后整成辫子形，摆在烤盘上。烤盘要考虑烘烤后膨胀的体积。

成型、摆盘后即可进入醒发室进行醒发，醒发室温度为34～36℃，相对湿度为85%～95%，时间为40min左右，待面包坯体积增大到原来的1～2.5倍时即可移出醒发室。

4. 烘烤、冷却、包装

将炉温升至250～260℃，面包坯入炉前刷上一层蛋液（上边也可撒上少许芝麻或核桃仁碎块等），入炉烘烤5～8min即可成熟。出炉后冷却，出盘包装。

三、罗宋面包（梭形面包）

（一）配方

标准粉100kg，食盐1kg，酵母0.8～1kg，水55kg。

（二）操作要点

1. 第一次发酵

将已活化的酵母液放入调粉缸中，连同酵母液共加入水17kg左右，稍经搅拌后，倒入面粉32kg左右进行调制，要求和好的面团温度为25℃左右。然后置于27～28℃条件下发酵约4h。

罗宋面包要求第一次发酵时面团用量应少，如果第一次发酵面团用量多了，制出的成品开口不整齐，外形不好看。

2. 第二次发酵

面团不宜过软，稍硬为好。和面时控制加水量，计量下料，准确加入第一次发酵成熟的面团、盐水和面粉。面团温度不应超过28℃，在28℃左右的温度下，发酵1h左右即可。如果面团尚未成熟，可进行翻揉。

这种面团要求发酵嫩，如果面团发酵过度，不但影响操作，而且成品开口不齐。

3. 整形

整形时面包坯重量一般为0.31kg。先搓成圆球形，并把接口封住，以保持面包坯中的气体。搓好后的圆球形面包坯放在盘内发酵20min后，再做成梭子的形状。

罗宋面包的成型方法基本上与听形面包相同，但应该做成两头尖的形状，然后使接口向下放在烤盘中，在 25～26℃ 条件下醒发约 20～30min 即可。

4. 烘烤与冷却

罗宋面包的烘烤，要求炉温低，湿度大。如果炉温太高，容易把面包表皮烤焦，使表面裂开，烘烤时炉内的湿度较大，因为湿度大能使烘烤出来的面包表皮光亮和具有焦糖香的风味。为保持炉内湿度，入炉前和烘烤中，要定时往烤炉两角喷水。

四、乳白面包

（一）配方

特制粉 100kg，砂糖 7.5kg，豆油 6kg，奶油 2.5kg，鸡蛋 9kg，食盐 1kg，酵母 0.8kg，奶油香精 18ml。

（二）操作要点

1. 第一次发酵

先将酵母用温水调开，加糖 0.08kg，放置 10～30min，使酵母活化。加温水 14kg（包括酵母液中的水量），面粉 27kg。调匀后在 27～28℃ 下发酵 4h 左右。

2. 第二次发酵

加温水 18kg，豆油 5kg，以及所有的配料，搅拌均匀后，将第一次发酵成熟的面团按比例加入，调开后，除留下 1.5kg 作为撒粉用外，其余 71.5kg 面粉分批加入。最后加入余下的全部豆油。调好的面团在 26～28℃ 发酵约 4～5h。

3. 成型与整形

0.25kg 的面包下料 0.385kg。搓成鸭蛋形，接口向下摆在烤盘上，前后左右间隔均 3cm。槽子扣在面团上（槽底有一圆孔，用于观察面团发酵情况），在 30℃ 左右发酵约 2h，待面团发起距槽底 1cm 时，醒发即告结束。

4. 烘烤、冷却和包装

面团成型后，将烤盘连同槽子一起送入烘烤炉内。炉温与烤小圆面包差不多。约 15min 后，打开槽子，检查火色，根据各部位温度高低和火色大小，调整位置，25min 即可成熟（可用竹签检查）。出炉后，揭下槽子，待其冷却后包装。

五、甜面包

（一）配方

高筋面粉 80kg，低筋面粉 20kg，水 55kg，酵母 3kg，糖 18kg，油 8～12kg，

鸡蛋 5kg，奶粉 4kg，盐 1.5kg。

（二）操作要点

1. 第一次调粉与发酵

取高筋面粉 75kg，水 45kg，酵母 2kg，糖 0.8kg 放入调粉机内，慢速搅拌 2min，再中速搅拌 2min 成面团，面团温度在 24℃ 左右。在温度为 28～30℃ 的条件下发酵 4h 左右。

2. 第二次调粉与发酵

将剩余的水、糖及鸡蛋、盐一起搅拌溶化，加入发酵好的面团搅拌均匀，再加入面粉、奶粉和酵母，慢速搅拌成面团，加油后改用中速搅拌至完成阶段。面团温度控制在 28℃，放入发酵室发酵 15min。

3. 分块与搓圆

将第二次发酵好的面团取出进行分块每块 50～80g。把小面块进行搓圆。

4. 中间醒发

把搓圆后的面包坯放置在温度为 26～28℃，湿度为 75%～80% 的条件下醒发 10～15min。

5. 压片装模

将醒发好的面包坯压片后进行装模，间隔不能太小。装模后要进行最后醒发约 50～60min。

6. 烘烤

当醒发达到要求后即可入炉烘烤，炉温 200～210℃，时间 10～15min。

六、汉堡包

（一）配方

高筋面粉 100kg，鸡蛋 19kg，鲜奶 21kg，细砂糖 16kg，干酵母 2kg，盐 1kg，水 24kg，酥油 16kg，沙拉酱，生菜，小番茄，小黄瓜，荷包蛋，番茄酱，黑芝麻。

（二）操作要点

1. 面团调制

将面粉、蛋、鲜奶、糖、干酵母、盐与水放入搅拌机内拌匀后，加入酥油继续拌。搅至面粉拉开有筋度即停止搅拌（大约 10min 左右）。搅拌后面团的温度控制在 26℃。

2. 面团发酵

将搅拌好的面团放置在 28～30℃，相对湿度 80%～90% 的环境条件下发酵 2.5～3h。

3. 切块、成型

待面团发好后立即切块，每块重量70g，搓圆后不需中间发酵。将成型好的面包坯放入烤盘，间隔要大，将面包坯压平。表面刷上蛋黄，撒上黑芝麻，放入发酵箱中发酵。

4. 最后发酵

将面包坯放入温度为36～38℃，湿度为85%的发酵箱中发酵45min即可。

5. 烘烤

将发酵好的面包坯放入温度为150℃的烤炉内烘烤10min即可。

（三）夹心步骤

① 用锯刀切开烤好的面包，抹上沙拉酱，放上一层生菜，再放上一层番茄片、黄瓜片；

② 淋上番茄酱，拢上荷包蛋，合起面包，即成色、香、味俱全的汉堡。

七、奶油面包

（一）配方

高筋粉100kg，细砂糖15kg，盐1.5kg，全蛋4kg，酵母1kg，改良剂100g，蜂蜜4kg，脱脂奶粉4kg，水50kg，奶油18kg。

（二）操作要点

1. 面团调制

将全部材料放入搅拌缸内（奶油除外），用慢速搅至卷起阶段，转变快速搅拌至面团起筋，加入奶油转变为慢速搅拌均匀，然后再转变为快速搅拌至面团表面光滑有弹性。

2. 面团发酵

将调制好的面团放置在适宜的环境中发酵30min。

3. 分块搓圆

将发酵好的面团分割成每个为260g的面块搓圆。

4. 中间发酵

将搓成圆形的面包坯放在温度为28℃，相对湿度为75%的环境下发酵20min。

5. 成型、醒发

把发酵好的圆面包坯擀开由上而下卷成橄榄形，然后放入刷好油的烤盘内进行最后发酵，条件要求是：温度为35～37℃，湿度为75%～80%，发酵45～55min。

6. 烘烤

在发好的面包表面开一刀口，挤上奶酥油，撒上粗砂糖，入炉烘烤，上火190℃，下火200℃，烘烤25min左右即可。

八、花样面包

(一) 配方

特制面粉 5kg，白砂糖 900g，花生油 300g，干酵母 50g，鸡蛋 550g，淀粉 25g，水适量。

(二) 操作要点

1. 第一次发酵

先将各种原辅料过筛过滤，然后用 2kg 面粉、50g 干酵母和适量水和成面团，静置发酵约 4h。

2. 第二次发酵

待面团完全发起后，加入糖（约 750g）、盐、油、鸡蛋、适量水和剩余的面粉和匀揉透，再静置发酵约 45～60min。

3. 分块成型

待面团再次起发后，将面团分成 160g 的小面块，搓圆成型。

4. 醒发

把成型的面包坯摆在烤盘内，放入醒发箱醒发。

5. 烘烤

待醒发好后取出刷上蛋黄液，再在上面挤上各种花样的浆（浆是用淀粉、白砂糖 150g 加适量的水熬制而成的），进炉烤熟即成。

(三) 特点

烤熟的产品松软、甜咸适口。

九、葡萄干小面包

(一) 配方

面粉 100kg，水 60kg，酵母 3.5kg，糖 6kg，油 4kg，盐 2kg，奶粉 4kg，葡萄干 6kg，面团改良剂 0.3kg。

(二) 操作要点

1. 原料预处理

面粉过筛，葡萄干先在水中浸泡 15～30min 后，沥干备用，酵母用温水溶解活化。

2. 第一次调粉、发酵

取面粉总量的 30%～70%、酵母溶液、40kg 水、少量糖，放入调粉机内慢速搅拌 2min，再中速搅拌 2min，使之形成面团。面团理想温度为 24℃，将调好的面团发酵 3.5h。

3. 第二次调粉、发酵

先将发好的面团打散，加入剩余原料（除油和葡萄干外），用慢速搅拌 2min，再加油，改用中速搅拌 8min，待面筋扩展后再把沥干的葡萄干加入，用慢速搅拌均匀即可。将调好的面团在温度为 28～30℃ 的条件下，发酵 40～50min 即可。

4. 分块搓圆

将面团分成每 50g 一个的小面块，按要求进行搓圆。

5. 中间发酵

将搓好的面包坯在温度为 36～38℃，相对湿度为 80%～85% 的条件下进行中间发酵 15min。

6. 压片、成型

把发酵好的面包坯装盘压片并进行最后发酵，当面包坯达到标准高度之后进炉烘烤。

7. 烘烤

将面包坯放入温度为 205℃ 的烤炉内，烘烤时间约为 10～25min，烤熟即可。

十、葱油小面包

（一）配方

面粉 100kg，水 65kg，糖 4kg，油 10kg，盐 2kg，奶粉 4kg，酵母 2.5kg，改良剂 0.25kg。

（二）操作要点

1. 面团调制

把面粉、糖、油、盐、奶粉、酵母、水、改良剂放入调粉机内搅拌至面筋扩展，形成面团。面团理想温度为 26℃。

2. 发酵

取出面团放入发酵室进行发酵 2.5h。

3. 分块成型

将发酵好的面团分成每个为 25g 的小面块，静置 15min 后再搓圆。并排列在擦过油的平烤盘上，用剪刀在每个面团顶部剪十字形裂口两处，待完成最后发酵后，在裂口中央放上拌好的葱油，葱油的配方为玛琪琳打发再加葱搅拌均匀即可。

4. 烘烤

把面包坯放入温度为 177℃ 的烤炉内烘烤 8～10min，烤熟即可。

十一、芝麻面包

(一) 配方

面粉 100kg,糖 7kg,盐 2kg,奶油 6kg,芝麻 3kg,脱脂奶粉 2kg,鸡蛋 10kg,酵母 2.5kg,水 57kg,面团改良剂 0.1kg。

(二) 操作要点

1. 面团调制

把面粉、糖、盐、芝麻(磨碎)、脱脂奶粉、鸡蛋、酵母、水等原料一起加入调粉机内,用低速搅拌 2min,后中速 3min;加入奶油低速搅拌 2min,再中速搅拌 4min,搅拌后面团温度为 28℃。

2. 面团发酵

把调好的面团放在 28~32℃、湿度为 80%~90% 的条件下发酵 90min,在发酵到 60min 时进行翻面。

3. 整形

将发酵好的面团分成每个为 160g 的小面块,进行搓圆后再中间发酵 20min。

4. 压片及醒发

面包坯装模压片后要进行最后发酵,时间为 40min 左右。环境条件要求是:温度为 38℃,相对湿度为 85%。

5. 烘烤

把醒发好的面包坯放入温度为 200℃ 的烤炉内,烘烤时间为 25min,烤熟即可。

十二、吐司面包

(一) 配方

高筋面粉 100kg,酵母 2.2kg,水 65kg,糖 5kg,盐 2kg,奶油 5kg,脱脂奶粉 2kg,改良剂 0.1kg。

(二) 操作要点

1. 第一次调粉及发酵

取面粉 70kg、酵母、改良剂、水 40kg 放入调粉机内,用低速搅拌 2min,再中速搅拌 2min,搅拌成面团。搅拌后面团温度为 24℃。取出调好的面团放入发酵室发酵 4h 左右,发酵室温度为 27℃,相对湿度为 75%。

2. 第二次调粉及发酵

把剩余的 30kg 面粉和水、糖、盐、脱脂奶粉一起放入调粉机内用低速搅拌 2min,加入发酵好的面团用中速搅拌 3min,加入奶油,低速搅拌 1min 后中速搅拌

3min，再高速搅拌 2min，搅拌后面团温度为 28℃。放入发酵室内发酵 20min。

3. 整形

将发酵好的面团取出进行分块，搓圆后进行中间发酵 20min。把发酵好的面包坯装入刷过油的烤听内，进行最后发酵 40min。环境条件要求是：温度为 38℃，相对湿度为 85%。

4. 烘烤

把醒发好的面包坯带模具放入温度为 200℃ 的烤炉内，烘烤时间达 35min 即可。

十三、蜂蜜面包圈

(一) 配方

面粉 100kg，油 2kg，白砂糖 8kg，蜂蜜 1kg，食盐 0.3kg，酵母 0.4kg，温水 44kg，芝麻，煮面包圈用糖水（清水 100kg，糖 10kg，蜂蜜 10kg）。

(二) 操作要点

1. 第一次调粉及发酵

将一定量的白砂糖溶解于温水中，再放入酵母搅拌均匀，放在温暖环境处，静置 20min。然后加入部分面粉，和成面团，放入发酵箱 4h 左右。

2. 第二次调粉及发酵

将白砂糖、油、蜂蜜和发酵面团等放入容器中，加入剩余的温水，进行搅拌，使面团成为散絮状，接着倒入剩余的面粉，调成面团，然后倒在案板上，用力揉面，并用木棒敲打，揉和成光滑面团，放入容器中发酵 20min。

3. 整形

取出面团切块、搓圆，用右手食指在醒好的面团中戳一个洞，套在手指上，顺时针方向晃动手指，使面团形成面包圈，静置 10~20min。

4. 上蜂蜜

在锅内放入白砂糖和蜂蜜各 50g 以及 50ml 水，加热至沸腾。然后分批投入面包圈，烧至面包圈发硬时捞出，放入冷水中浸泡片刻即可。将面包圈放在烤盘上，立即在表面撒上芝麻。

5. 烘烤

将面包圈放入温度为 200~220℃ 的烤炉内烘烤，待表面呈现深金黄色时即可。

十四、奶油鸡蛋面包

(一) 配方

高筋面粉 80kg，低筋面粉 20kg，水 55kg，酵母 5kg，奶粉 6kg，糖 20kg，奶

油 8kg，鸡蛋 12kg，改良剂 0.2kg。

(二) 操作要点

1. 第一次调粉及发酵

先将酵母用适量温水溶开，然后取高筋面粉 50kg、水 38kg、改良剂与酵母液一起放入搅拌缸内慢速搅拌均匀，面团温度为 28℃。放入发酵室内进行发酵 4h 左右。

2. 第二次调粉及发酵

待第一次发酵成熟后，将奶粉、糖、鸡蛋、水等原料加入调粉机后与发酵好的面团用慢速搅拌均匀后，加入剩余的高筋面粉及低筋面粉搅拌均匀，再加入溶化好的奶油，搅拌成面团。面团温度约为 28℃，将调好的面团送入发酵室内发酵，发酵室温度约为 32~34℃，发酵 2h 左右。发酵成熟后可进行一次揿粉，补充面团内新鲜空气。

3. 整形

面团发酵好后，分成每个重 2kg 的小面块，放在整形机上，往返压折，直到面团光滑细柔，而具有良好的延伸性为止。将压好的面团分成每个重 50~80g 的小面团，做成不同的花样。

4. 醒发

把整形好的面包坯放在刷过油的平烤盘上进入最后发酵至体积增加 1~2 倍，时间约为 30min，取出刷奶水。

5. 烘烤

待奶水干燥后进炉烘烤，温度为 175℃，时间为 25~30min。烤成表面金红色或金黄色即可出炉。

十五、法国面包

(一) 配方

高筋面粉 90kg，低筋面粉 10kg，水 60kg，糖 2kg，盐 2kg，油 2kg，酵母 2kg，酵母食料 0.25kg，改良剂 2kg。

(二) 操作要点

1. 第一次调粉及发酵

取高筋面粉 60kg、酵母、酵母食料、水 40kg 等原料，一起放入搅拌缸内慢速搅拌 2min，中速搅拌 2min，搅拌成团，面团温度为 24℃。把搅拌好的面团送入发酵室发酵 4h。发酵好的面团温度为 27℃。

2. 第二次调粉及发酵

把糖、盐、改良剂及剩余的水加入搅拌机内，搅拌均匀后，再把剩余的高筋面粉及低筋面粉加入拌匀，加入油搅拌至面筋扩展，形成良好的面团。面团温度为 26℃。将调好的面团进行第二次发酵，发酵温度为 30～33℃，时间为 1h 左右。

3. 整形

把醒发好的面团进行分块。把每个小面块进行滚圆之后静置 15min 再成型。最后发酵约 40min，在面包坯表面切开一个刀口。

4. 烘烤

把成型好的面包坯放入烤盘，进行烘烤，炉温为 230℃，时间为 30min。

十六、德国面包

(一) 配方

面粉 100kg，糖 2kg，奶粉 3kg，盐 2kg，油 4kg，乳化剂 0.8kg，水 51kg，酵母 4kg，改良剂 0.2kg。

(二) 操作要点

1. 面团调制及发酵

把原料放入搅拌器内慢速搅拌 5～6min，快速搅拌 2～3min，搅拌均匀。调好的面团温度为 25～26℃。放入发酵室（发酵室温度为 28℃，相对湿度为 70%）发酵 30min。成熟面团终点温度为 28℃。

2. 整形

取出发酵成熟的面团进行分块，把每一小块搓成圆形，整形时间大约为 15～20min。整形好后面包坯要静置 10min。然后，将面坯压片、卷成长圆筒状。

3. 醒发

把成型的面包坯接缝处朝下，放入烤盘中，用刀片在面包坯表面划 0.5cm 的裂口。进行醒发，醒发温度为 37～39℃。

4. 烘烤

把醒好的面包坯放入烤炉进行烘烤，温度为 180℃，大约需 20～25min。

十七、日本调理面包

(一) 配方

面粉 100kg，糖 8kg，盐 2kg，奶油 10kg，脱脂奶粉 3kg，鸡蛋 10kg，酵母 3.5kg，水 53kg，改良剂 0.1kg。

馅料：将火腿、腊肠，经腌制并以大蒜调味，牛肉和猪肉制的腊肠混入面团内搅拌。

(二) 操作要点

1. 面团调制及发酵

把原料（除奶油外）放入调粉机内，低速搅拌 2min，中速 3min，加入奶油低速搅拌 1min，高速搅拌 1min，搅拌后面团温度为 28℃。放入发酵室发酵 60min。

2. 整形

将发酵好的面团进行分块，每块重 35~60g，搓成圆形。在适宜的环境条件下静置 20min。然后把面包坯制成一定形状，最后发酵 45min（温度为 38℃，相对湿度为 85%）。

3. 烘烤

把醒发成熟的面包坯进行装饰后（煮熟的鸡蛋、玉米等混合成蛋黄酱，用于装饰）。送入烤炉烘烤，温度为 210℃，大约需要 10~15min。

(三) 注意事项

① 面团要充分搅拌，使之稍硬。
② 最后发酵时，不容易膨胀，所以时间要长。
③ 烘烤温度，视调理原料的不同而改变。
④ 要充分利用胡椒、芥末及其他作料。

十八、油炸面包

油炸面包属于西点的一种，据传原产于法国，20 世纪初由比利时人传到中国。该产品具有香甜可口，外焦里嫩的特点。

(一) 配方

面粉 100kg，砂糖 26kg，鸡蛋 9kg，猪油 4.5kg，酵母液 6kg，果子酱。

(二) 操作要点

1. 第一次发酵

先取 31kg 面粉放在调粉机内，加 6kg 的酵母液，再加入 29kg 左右的水，搅拌成面团，在 30℃下发酵约 6~8h，待面团发酵成熟后即可进行第二次发酵。

2. 第二次发酵

把第一次发酵成熟的面团放到调粉机内，再加入鸡蛋、糖和 23kg 的水等搅拌均匀后，再加上剩余的面粉，在搅拌到没有干面时，将剩余的油沿着调粉机的内壁倒入，继续搅拌至成熟，在 30℃下发酵约 4h 即可。

3. 整形与成型

将发酵好的面团揉好后开始整形。0.5kg 的面团可做成 8 个面包坯。每个面包坯再加入 0.2kg 的果子酱，制成扁圆形，在 27℃的室温下醒发约 1~2h，待醒发至圆形即可开始油炸。

4. 油炸

油炸面包多数用猪油炸，油温在160℃时经15min即可成熟。

(三) 品质要求

其外形为圆球形，颜色为棕黄色，味道香甜适口，无其他异味，内部呈松软的海绵状结构。

复 习 题

1. 面包主要有哪几种分类方式？
2. 面包面团在调制过程中，依其变化分哪几个阶段？各具有什么特点？
3. 在面团调制过程中为确保质量，应注意的因素有哪些？
4. 简述面团二次发酵法。
5. 简述面包面团发酵成熟的判断方法？
6. 影响面团发酵的因素主要有哪些？
7. 在整形过程中搓圆的作用是什么？
8. 中间醒发的作用是什么？
9. 简述面包烘烤工艺。

第五章 蛋糕生产工艺

第一节 概 述

蛋糕是以蛋、糖、面粉和/或油脂为主要原料，经充分搅打、调制，形成包含大量细密气泡的膨松体糕糊，浇入模盘，采用烘烤的熟制方式制成的一种糕点食品。

蛋糕制作技术起源于欧洲，在西点中占据非常重要的地位。17世纪以前，制作甜食糕饼是不加鸡蛋的，据传，法国人偶然发现，将砂糖和面粉调成糊状物，加入多量的鸡蛋后，所制出的糕饼，色泽棕黄，蛋香浓郁，组织松软，甜美可口。于是在这个基础上再改进配方，搅打蛋液充入空气，调制成膨松的面糊，制成了组织膨松、多孔、柔软，类似海绵状的糕饼，其英文名称"sponge cake"意为"海绵蛋糕"或"松软蛋糕"，作为一种新的甜食糕饼，深受消费者的喜爱，很快就风靡欧洲各国，并逐步传遍全世界。100多年前，蛋糕制作技术传入我国，并形成不少具有鲜明中国特色的蛋糕品种。

欧洲早期海绵蛋糕的制作和配方都很简单，标准配方是用等量的鸡蛋、砂糖和面粉靠手工小批量生产。后来发现在海绵蛋糕面糊中添加少量油脂，仍可使蛋糕保持膨松状态，且组织变得较为柔软，口感濡湿滑润，延缓变干发硬的时间。由于油脂能改善蛋糕的品质，人们试图增加油脂的用量。利用天然奶油在快速搅打过程中具有包裹空气的性能，使油脂用量从辅料变成主要原料。典型的磅蛋糕，因其配方中鸡蛋、砂糖、面粉、奶油四种主要原料均为一磅（0.4536kg），且烤制时所用的单个模盘盛装量也是一磅，故而得名。这种油脂含量高的蛋糕，其组织虽然比海绵蛋糕较为紧密坚实，但突出了奶油天然的风味和肥美润滑的口感，制品也不易变得干硬，货架寿命较长，属于价格昂贵的高级蛋糕，通常称白脱蛋糕或油蛋糕。随着科学技术的不断进步，用新的原料如廉价的人造奶油、起酥油部分或全部代替天然奶油，从而使其成本降低。特别是具有良好发泡性能的乳化剂的使用，使蛋糕的体积增大，组织柔软，孔洞均匀细致，口感和保存性能都有很大的提高，同时，也使面糊调制变得简单易行。伴随着蛋糕生产设备（如搅拌机、注模机、烤炉等）的出现，蛋糕生产逐步实现了工业化。

蛋糕的花色品种较多，分类方法主要有以下几种：

① 按糕坯配料中油脂是否被作为主要原料使用，可分为清蛋糕（也叫海绵蛋

糕）和油蛋糕两种基本类型；

② 按是否进行再加工，可分为普通型蛋糕和调理型蛋糕两大类；

面粉先过筛　　　　把鸡蛋放入缸中　　　放入细砂糖　　　　中速搅拌 2～3min，至糖全部溶解

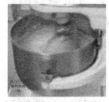   

高速搅拌 15min 左右　　至完全起发　　　打好后把打蛋球刮干净　　加入面粉

用刮板将面糊拌匀一下，特别是底部　　将面糊倒进模具里　　放入烤炉里，炉温 200℃/180℃　　出炉后马上脱模，并放在凉网上

图 5-1　蛋糕制作图解

普通蛋糕　　　　分层蛋糕　　　　果酱蛋糕　　　　虎皮蛋糕卷

装饰蛋糕　　　　调理蛋糕　　　　生日蛋糕　　　　圣诞蛋糕

图 5-2　几种常见的成品蛋糕

③ 按用途的不同,可分为生日蛋糕、婚礼蛋糕、圣诞蛋糕等多种类型;
④ 按熟制方式的不同,可分为蒸蛋糕和烘蛋糕两类。

本书参照①、②两种分类方法,进行蛋糕生产工艺的介绍。图 5-1 为蛋糕制作图解,供参考,图 5-2 为几种常见的成品蛋糕图。

第二节 普通型蛋糕

普通型蛋糕,指的是将糕糊装模、烘烤制熟,直接(或只进行简单分割等处理)作为成品出售、食用的一类蛋糕。包括清蛋糕和油蛋糕两种基本类型。

一、清蛋糕

清蛋糕一般不加油脂或仅加少量油脂。它充分利用了鸡蛋的发泡性,与油脂蛋糕和其他西点相比,具有更加突出的、致密的气泡结构,质地松软而富有弹性。

(一) 原料及其配比

1. 原料

(1) 面粉 应选用低筋面粉,其产品质地松软,口感好,如无低筋面粉,可掺入部分淀粉以降低面粉筋力。

(2) 蛋 应选用新鲜鸡蛋,新鲜蛋液较为浓稠,发泡性好,制得的蛋糕体积大,风味好;鲜蛋使用前应进行洗涤消毒,晾干后再用。

(3) 糖 选用颗粒较细的白砂糖,可制成糖粉使用,适量的饴糖、转化糖浆、蜂蜜等,可以加重蛋糕的焙烤色,改善蛋糕保湿性。

(4) 蛋糕油 蛋糕油又称蛋糕乳化剂或蛋糕起泡剂,它在海绵蛋糕的制作中起着重要的作用。在 20 世纪 80 年代初,国内制作海绵蛋糕时,还未使用蛋糕油,打发非常慢,出品率低,成品的组织也粗糙,还会有较重的蛋腥味。使用蛋糕油后,制作海绵蛋糕时打发的全过程只需 8~10min,出品率也大大提高,成本也降低了,且烤出的成品组织均匀细腻,口感松软。可见当年蛋糕油的诞生,是一个革命性的突破。

蛋糕油的添加量一般是鸡蛋的 3%~5%。蛋糕油应在面糊的快速搅拌之前加入,这样才能充分地搅拌溶解,也就能达到最佳的效果。添加蛋糕油的面糊不宜长时间搅拌,因为,过度的搅拌会使空气混入太多,反而不能够稳定坯体结构,最终造成成品塌陷、强度下降、易碎。

(5) 其他原料 制作清蛋糕时,加入适量色拉油、甘油、丙二醇和/或山梨糖醇等,可增加产品的滋润度,延长货架期。加入少许香精可调节风味,如加入柠檬、草莓香精,可制得相应香型的清蛋糕。此外,还可加入少量泡打粉以协助膨松。

2. 配比

制作清蛋糕时，在一定范围内，蛋的比例越高，糕体越膨松，产品质量越好。蛋液不仅起发泡膨松作用，而且鸡蛋蛋白质的凝固在制品的成型中也有重要作用。中高档清蛋糕，几乎完全靠搅打蛋液起泡使制品膨松，产品气孔细密，口感与风味良好。低档蛋糕由于鸡蛋的用量少，制品的膨松较多地依赖泡打粉及发泡剂，因而产品的口感与风味较差。

蛋糕的档次取决于蛋与面粉的比例，比值越高，档次也越高。一般配比为：低档蛋糕，蛋粉比在1∶1以下；中档蛋糕，蛋粉比为（1～1.8）∶1；高档蛋糕，蛋粉比在1.8∶1以上。具体配比见表5-1。

表 5-1 清蛋糕原料基本配比（以面粉为基准100%）（单位：%）

原 料	品 种					
	常规蛋糕	大蛋糕	装饰蛋糕	蛋糕卷	奶油蛋糕	乳化蛋糕
鸡蛋	166	125～150	125～200	200～250	125	120
蔗糖	100～166	100～150	100～160	100～160	100	85
面粉	100	100	100	100	100	100
水	0～20	0～20	0～20	0～20		20～40
饴糖/蜂蜜/保湿剂等	0～10	0～10	0～10	0～10	0～10	0～10
奶油/色拉油	0～20	0～20	0～20	0～20	10～20	0～40
蛋糕油	0～1	0～1	0～1	0～1		4～8
泡打粉	0～1	0～1	0～1	0～1		0～1

糖的用量与面粉量接近。中低档蛋糕的糖量略低于面粉量，高档蛋糕的糖量等于或略高于面粉量。糖能提高糕糊的黏度，使气泡结构稳定。

（二）制作方法

清蛋糕具有的多孔泡沫结构，是由搅打蛋液时所产生的泡沫形成的。

清蛋糕制作方法，可分为混打（全蛋搅打）法、分打（蛋黄、蛋清分别搅打）法和全批料法三种。

1. 混打法

该法为制作清蛋糕的传统方法，操作较为简便，易于掌握，成品质量稳定，香味浓郁，质地柔韧适口。但是，打蛋时间较长，糕糊膨松度较低，内部组织不够均匀细致。

（1）工艺流程

```
              面粉、泡打粉→过筛、拌匀
                      ↓
鸡蛋、蔗糖、饴糖等→打蛋→调糊→入模成型→烘烤→成品
                      ↑
                面料(芝麻、杏仁等)
```

(2) 操作方法

① 打蛋。将蛋液、蔗糖、饴糖（如用香精、色素和保湿剂等，也在这时加入）一起放入容器，用打蛋机高速搅打，使空气充入蛋液，并使糖分溶解，形成稳定的泡沫体，光洁而细腻，打发的程度约为原体积的 2 倍。

打蛋速度与时间，应根据蛋液质量和温度进行调整：蛋液黏度低、温度高，转速可高些，时间则短些，反之，转速应低些，时间则应长些。冬季做蛋糕时，可将容器放在热水（25~40℃）中适当加热，这样，可有效缩短搅打时间。

打蛋工序是蛋糕制作的关键，如打蛋不充分，成品松软度差，过度搅打也会降低气泡的稳定性，影响产品质量。人工打蛋，劳动强度较高，一般用不锈钢蛋甩或竹帚作搅打工具，中途不宜停顿，愈打速度愈快，直至蛋液充分膨起。无论机器或人工打蛋，都要按同一个方向搅打，这样，有利于气泡的形成和保持。打蛋所用的容器、工具应避免沾染油脂，否则，会影响蛋液的起泡。

② 调糊。蛋液打好后，即可加入面粉（如用泡打粉，需事先与面粉掺匀），操作时，要轻缓地搅拌，混合至无干面粉颗粒即可。直接用打蛋机搅拌时，应开慢挡，搅拌速度过快或时间过长，容易造成面糊起筋，使制品内部出现僵块、表面呆实、上色不匀。

调好的蛋糊要及时使用，放置过久，由于胀润后的粉粒和未溶化的糖粒相对密度大，容易下沉，就会出现这样的现象：用上层蛋糊所做的制品，体积大而重量轻，下层蛋糊制品，小而重。气温高时，上述现象更易发生。

③ 装模成型。蛋糕成型一般采用金属模具，常用的模具有圆形、马蹄形、梅花形和各种动物造型等，也可直接平摊在大烤盘里，烤好后，再切割成相应的形状，纸杯蛋糕则在模内再放一只瓦楞纸型的小纸杯。入模前，除纸杯蛋糕外，均需在模具的内壁涂上一层食用油，以防粘模。

装模方法：一般用勺子将蛋糊盛入模具，也有将蛋糊装入角袋后再挤入模具中的，注入量要尽量一致，若用烤盘盛装，则需用抹刀等工具抹平表面，可适当振动烤盘，使表面的大气泡破裂，以改善制品的表面性状。目前，工厂里通常是用注料（模）机装模。蛋糊入模后，表面可撒上果仁、蜜饯等面料，一般应在入炉时撒上，过早容易下沉。

④ 烘烤。烘烤温度：烘烤初期，控制炉温在 180℃ 左右，5min 后，炉温升到 200℃，出炉温度为 220℃，烘烤时间一般在 12~15min。烤制小块品种时，炉温可适当调高，时间相应缩短，制品较大时，应适当降低炉温，延长烘烤时间。为防止制品夹生，可在糕坯表面上色之后，用细竹签插入蛋糕中心，拔出竹签时，如沾有生面糊，说明未烤熟，可降低炉温，再适当延长烘烤时间，或在表面盖上一张纸再烘至中心成熟。可趁热在蛋糕上涂抹食用油，增加光亮，保持水分。

2. 分打法

该方法主要依靠蛋清和糖一起搅打，形成细致的泡沫组织，使制品膨松。由于蛋清单独和糖进行搅打时，更容易发泡，所以，打蛋时间较短，制品质地松软、细致，但操作较为复杂，目前，该法应用不太普遍。

(1) 工艺流程

```
                  面粉、泡打粉→过筛、拌匀
                          ↓
蛋清、蔗糖→搅打→混合→调糊→入模成型→烘烤→成品
                          ↑
蛋黄、蔗糖→搅打         面料(芝麻、杏仁等)
```

(2) 操作方法

分打法还可以按操作上的不同分成以下两种：

① 用 1/3 的糖与蛋黄一起搅打起发，余下 2/3 的糖与蛋白一起搅打，成为非常膨松的糖蛋白膏，二者混合后再加入面粉，拌匀即可；

② 先将糖与蛋白一起搅打，成为糖蛋白膏，面粉与蛋黄拌和成蛋黄面粉糊，再将二者混匀即成糕糊。

其他操作与"混打法"相同。

3. 全批料法

顾名思义，该法就是将所用各种原料，一次性投入打蛋机，先慢速将原料混合均匀，再用高速搅打起泡，形成膨松的糕糊。采用这种方法时，在蛋糕配方中，通常要加入较多的乳化剂（蛋糕油），搅拌速度和强度也远高于普通的方法，形成的糕糊质轻且稳定，不易沉底，成品的组织非常均匀细腻，膨松度更高，口感更滋润，但口味较差。

前述两种方法，也可在打蛋时，适当添加蛋糕油，加速起发，改善组织结构，提高糕糊的稳定性。

(1) 工艺流程

```
              过筛面粉、泡打粉、蛋糕油
                          ↓
鸡蛋、蔗糖、水→搅溶→搅拌→高速搅打→入模成型→烘烤→成品
```

(2) 操作方法

① 先将糖、水与蛋液一起中速搅打，约需 1～2min，糖粒基本溶解即可；

② 加入面粉、蛋糕油及泡打粉，慢速搅拌，使之混合均匀；

③ 改用高速搅打，使面糊充分起发，形成奶油膏状糕糊即可。

其他操作与"混打法"基本相同，由于该种类型的蛋糕坯水分含量普遍较高，烘烤时应适当降低炉温、延长烘烤时间。

(三) 质量要求

色泽：表面棕黄油润，深浅一致，无焦斑。

外形：膨松饱满，顶部不凹陷。

质地：气泡细密而均匀，富有弹性，口感滋润，无粗糙感。

口味：富有突出的焙烤焦香和蛋糕香味，无蛋腥味。

含水量：25%～30%，全批料法蛋糕，含水量相对较高。

（四）制作实例

1. 普通海绵蛋糕

（1）配方（以面粉为基准，100%）　配方（以面粉为基准，100%）见表5-2。

表5-2　普通海绵蛋糕配方　　　　　　　　（单位：%）

项目	低筋面粉	蔗糖	鸡蛋	水/牛奶	泡打粉	甘油/山梨醇糖浆
高档	100	100	150	0	0～1	5
中档	100	100	110	20	0.5～1	7

（2）制作方法　采用"混打法"即可。

普通海绵蛋糕既可作为调理型蛋糕的糕坯，又可直接用模具成型，成为单独的品种食用。在配料中，加入橘子、柠檬等水果和相应的香精、色素，就可制成不同风味的海绵蛋糕。

2. 海绵饼

（1）配方（以面粉为基准，100%）　低筋面粉100%，鸡蛋100%，蔗糖100%。

（2）制作方法

① 采用"混打法"，打好蛋糕糊，备用；

② 将蛋糕糊装入挤注袋中，通过直径为1.2cm的平口裱花嘴，直接在烤盘或铺有油纸的烤盘上，挤成大小一致的圆形或条形小饼，在饼坯表面上撒上糖粒；

③ 将烤盘置于温度为220℃的烤炉中，烘烤10min左右；

④ 烤好、晾凉的小饼即可直接食用。可以在两片小饼间，夹入果酱或奶油膏，还可以进行其他表面装饰。

3. 奶油海绵蛋糕（轻型热那亚蛋糕）

海绵蛋糕一般不加油脂，若加入适量油脂，可以改善蛋糕的风味。奶油海绵蛋糕，可以看作是介于清蛋糕和油蛋糕之间的特例，所以，又被称作轻型热那亚蛋糕。

（1）配方（以面粉为基准，100%）　低筋面粉100%，鸡蛋125%，蔗糖100%，奶油20%。

（2）制作方法

① 采用"混打法"，打好蛋糕糊，加入加热熔化的奶油，轻轻搅拌均匀，不要过度搅拌，以防糕糊漏气塌陷；

② 将糕糊倒入模具或烤盘中，抹平表面；

③ 用180～190℃的炉温，烘烤20min左右。

4. 戚风蛋糕

（1）配方（以面粉为基准，100％） 低筋面粉 100％，蛋黄 100％，蛋清 200％，蔗糖 125％，色拉油 20％，食盐 2％，泡打粉 1％，塔塔粉（酒石酸氢钾，酸性物质，可调整 pH）2％，水 60％。

（2）制作方法

① 先将盐、水和 1/4 的糖加入容器中，搅拌至糖、盐溶解，加入色拉油、面粉和泡打粉，搅拌成糊状，再加入蛋黄，搅拌成均匀的蛋黄糊，备用；

② 将蛋清和塔塔粉放入打蛋机中，高速搅打 1min 左右，待蛋液起泡发白时，加入余下的糖，继续高速搅拌，直至蛋白膏能拉成软峰状为止；

③ 将 1/3 左右的蛋白膏与全部的蛋黄糊搅拌均匀，再将剩余的蛋白膏一起放回打蛋机中搅打均匀，即可装盘（模）烘烤；

④ 戚风蛋糕的烘烤温度一般较低，用 180～190℃ 的炉温，烘烤 20min 左右，饼坯厚的品种，应控制面火在 190℃ 以下，底火在 160℃ 左右。

二、油蛋糕

油蛋糕，是指内部含有较多油脂（通常是在常温下为固态的油脂，如奶油、人造奶油）的蛋糕，不重视搅打充气，主要依靠脂肪搅打充气、蛋液与油脂的乳化作用，使制品油润松软。具有高蛋白、高热量的特点，酯香气浓郁，色泽浅黄油润，耐储藏，冬季的保存期可长达一个月，适宜远途携带，常作为登山、野外勘察人员的辅助食品。油蛋糕的膨松度不如海绵蛋糕，质地酥散。

（一）原料及其配比

1. 原料

（1）面粉 应选用低筋面粉，其产品松软口感好，如无低筋面粉，可掺入部分淀粉以降低面粉筋力，加有较多膨松剂的油蛋糕和添加较多果料的油蛋糕，可用中筋粉，以防止果料下沉；

（2）蛋、奶 油蛋糕制作，可选用鲜鸡蛋和冰蛋，牛奶可用奶粉代替。

（3）油脂 选用优质奶油或麦淇淋（人造奶油）。奶油能赋予制品良好的风味，但奶油的膨松性不足，为克服此缺点，可加入一定量的起酥油来代替部分奶油。一般不用猪油，因为猪油的膨松性与风味不及奶油和麦淇淋。

（4）其他原料 甘油、丙二醇和/或山梨糖醇等，可增加产品的滋润度及延长货架期，少许香精可调节风味，此外，还可加入少量泡打粉、蛋糕油，以协助膨松。

2. 配比

油脂的充气性和起酥性，是形成产品组织与口感特征的主要因素。在一定范围内，油脂量越多，产品的口感等品质越好，即油脂蛋糕的档次主要取决于油脂的质量和数量,其次是蛋量。普通油脂蛋糕中,油脂量与蛋量一般不超过面粉量,油脂太多会引起成品强度下降,使蛋糕太松散,易变形、破碎。

高档油脂蛋糕中,面粉、油脂、糖、蛋的用量相等,配料比例均为面粉用量的100%。

中档油脂蛋糕基本原料的用量(以面粉量为100%)为:低筋粉100%,固体油脂60%～80%,糖粉70%～80%,鸡蛋80%～90%。

低档油脂蛋糕中蛋量和油脂量较少,泡打粉用量较大,产品质地比较粗糙。

(二)制作方法

油脂蛋糕浆料的调制方法,主要有以下三种:

1. 糖、油搅打法

几乎所有的油蛋糕配方都可以采用本方法,制作出的蛋糕制品体积较大,组织松软,但内部孔洞较大。本方法是目前使用最普遍的方法之一。

(1)工艺流程

```
                        鸡蛋
                         ↓
油脂、糖粉→搅打→搅打→搅打→入模成型→烘烤→成品
                         ↑
                     面粉、泡打粉
```

(2)操作方法

① 将油脂放入搅拌缸,慢速搅打至呈糊状,加入糖粉、精盐慢速混匀,改用中速搅打成奶油凝膏状。搅打时间视脂肪性能而定。搅打程度,可以用打擦度法测定,也可按比重法判断:取一些奶油凝膏浮于菜籽油上,能保持漂浮状态30s以上,即可认为搅打好了。

② 将温度合乎要求的鸡蛋液稍加搅拌,使蛋白和蛋黄基本混匀后,分三至四次加到搅打好了的奶油凝膏中。每次加入前应停机,用刮片将缸壁上沿和缸底等搅拌不到的物料拌匀,加入蛋液后先慢速混合,再中速搅打。应避免一次加入蛋液量过大,造成局部水分过高,形成水包油(O/W)型乳状液,气泡易从油脂中泄漏。当出现这种现象时,可立即添加少许面粉,以吸收多余水分,再搅打一段时间,仍可恢复至油包水(W/O)状态。加完蛋液后,可加入洋酒、香料等,用高速搅打数分钟,至均匀、浓稠、光滑为止。

③ 将称量好的面粉、淀粉、膨松剂和可可粉等粉状物料,先用手初步拌和,再过两次筛,使这些原料混合均匀。面粉经过筛处理,可使其中结成团块的面粉松散,接触新鲜空气,除去陈味。牛奶的温度视面粉温度而定,夏天面粉温度高,可用冷牛奶;冬天面粉温度低,可通过加热牛奶使蛋糕面糊保持在22℃左右。

上述原料各分三次交替缓缓加入第二步完成的凝膏中。先边慢速搅拌边流线状加入1/3的面粉之后,再加入1/3的牛奶,加牛奶也要求以流线状加入。待其混合均匀至有光泽时停机,将缸沿、缸底未搅到面糊刮下,再进行第二次、第三次加

料。全部物料加毕，混合均匀至有光泽即可。但应避免搅拌过久，以防面粉起筋。

在添加牛奶时，同样要避免加入速度过快或一次加入量过多。如果制作水果类白脱蛋糕，应先将所需干果、果脯、蜜饯等切成小颗粒，在面糊调制完成后，轻轻拌匀即可。

2. 粉油搅打法

本法所制成的蛋糕，虽然体积比糖油搅打法略小，但其组织气孔较为均匀细密。要求配方中脂肪用量须在60%（焙烤百分比）以上。轻油蛋糕因油脂用量不多，在搅打时不易卷入大量空气，故不宜采用本方法，重油低比率蛋糕，配方中用糖量少，在加入蛋液和牛奶时，面粉相对易起筋，故也不宜采用本方法。

（1）工艺流程

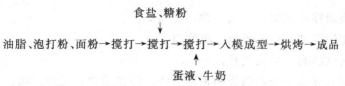

（2）操作方法

① 将配方中的面粉、膨松剂等粉料混合过筛，与脂肪一起投入搅拌缸，慢速搅拌1min左右，以免粉料飞扬，待粉料全部被脂肪黏附后，改用中速搅打约10min左右。

② 将糖粉、精盐全部投入已搅打发松的粉油凝膏状物料中，慢速拌匀后，中速搅打约3min。

③ 改用慢速，将配方中的3/4牛奶缓缓加入，与面糊完全混匀后，将预先混匀的蛋液分两次加入。

④ 加入剩余的牛奶，中速搅打至糖、盐全部溶化拌匀即可。

3. 两步搅打法

本方法类似于海绵蛋糕面糊调制的"分打法"，将配方中的原料分成两部分分别搅打膨松后，再一起混合均匀。用本法制作的油蛋糕品质极佳，不但体积大，而且组织松软、孔洞细致均匀，但操作较为麻烦。

（1）工艺流程

食盐、面粉、油脂→搅打→搅打→入模成型→烘烤→成品
　　　　　　　　　　　↑
　　　　　蛋液、牛奶、糖粉→搅打

（2）操作方法

① 将配方中全部糖、鸡蛋和/或牛奶，用钢丝球状搅拌桨搅打发松，备用。

② 将面粉、精盐、油脂、泡打粉等，用板式搅拌桨，中速搅打发松。

③ 将①料分三次加至②料中，每次约加1/3，充分搅打后，再重新加料，全部加完后，中速搅打4~5min即可。

4. 直接搅打法

直接搅打法，亦称一步搅打法。就是将所有原料，一次性投入搅拌缸，进行充分的搅打。本方法操作最为简单，但必须选用性能优良的蛋糕专用油脂，才能制得令人满意的制品。

除了上述方法外，还可以采用其他方法，只要能满足使物料充分混合、包入大量而细致的气泡等决定产品质量的条件即可。

调制好的浆料再装入涂有油脂的模具或烤盘中，并将表面抹平，然后送入炉中烘烤，温度为180℃左右，待制品表面结皮并开裂，色泽符合要求，内部熟透，就可出炉。

（三）质量要求

色泽：表面棕黄油润，深浅一致，无焦斑。

外形：膨松饱满，顶部微凸、有裂口。

质地：松软油润，无大气孔。

口味：富有突出的焙烤焦香和蛋糕香味，甜味适中，无蛋腥味。

（四）制作实例

1. 水果蛋糕

（1）配方　低筋粉100%，白脱油80%，糖粉80%，鸡蛋120%，糖瓜皮80%，葡萄干20%，糖橘饼20%，甜杏仁4%，香兰素0.05%，朗姆酒4%。

（2）制作方法

① 预热烤箱至170℃（或上火170℃、下火160℃），在蛋糕模具内壁涂上一层油脂，下面铺上油纸备用；果料事先切成小颗粒，与葡萄干一起用朗姆酒拌和备用。

② 将白脱油或麦淇淋放入搅拌桶，放在温暖处（天热除外），软化后，加入细白砂糖或糖粉。用搅拌机搅打至泛白、呈羽绒状。

③ 在搅拌桶内慢慢地加入打好的鸡蛋，继续搅打，至蛋加完并搅打匀透，再加入过筛的面粉和泡打粉，最后加入酒浸水果，搅打匀透，装入备用的蛋糕模具内，表面用刮片抹平。

④ 将蛋糕模具送入烤箱烘烤，约烤20min左右，至表面呈深褐色，完全熟透后，取出，稍冷后倒出，除去模具，放在金属网架上，待凉透后即可使用。

2. 马德拉蛋糕

（1）配方　中筋粉100%，白脱油或麦淇淋80%，细白砂糖或糖粉80%，鸡蛋100%，泡打粉2%，糖渍柠檬皮15%、牛奶35%。

（2）制作方法

① 预热烤箱至170℃（或上火170℃、下火160℃），在蛋糕模具内壁涂上油脂，并衬上防油纸，柠檬皮切丝，备用。

② 将白脱油或麦淇淋放入搅拌桶内，放在温暖处软化以后，加入细白砂糖或

糖粉，用搅拌机搅打至泛白、呈羽绒状时，慢慢地加入鸡蛋，边加边搅打，至蛋加完，再加入筛过的中筋粉和发酵粉、柠檬皮及牛奶，充分混合后，装入备用的蛋糕模具内，用刮片刮平。

③ 将蛋糕模具放进烤箱烘烤，约烤 20min，完全熟透后取出，稍冷后倒出，除去模具，倒放在金属网架上，冷透后即可食用。

3. 大油糕

（1）配方　低筋粉 100%，鸡蛋 110%，白砂糖 110%，熟猪油 30%，瓜子仁、青梅、桂花各 3%。

（2）制作方法

① 糖和面粉放入容器中混合，再加入鸡蛋进行搅拌，使其成为乳白色的糕糊。

② 将熟猪油稍微熔化（温度 35~40℃），将糕糊和桂花逐渐加入温油中，搅拌成均匀的面糊。

③ 先将梅花或桃形铁皮模涂上油脂，再将糕糊依次注入模具，在表面撒上瓜子仁和青梅丁。

④ 炉温为 180~220℃，烤至表面呈棕红色时可出炉。

4. 巧克力白脱蛋糕

（1）配方　中筋粉 100%，白脱油 90%，糖粉 90%，鸡蛋 100%，发酵粉 2%、可可粉 5%，溶化的巧克力 15%。

（2）制作方法

① 将白脱油放在搅拌桶内，待软化后加入糖粉，用搅拌机搅打至泛白并呈羽绒状时，慢慢地加入鸡蛋继续搅打，至蛋加完。

② 将面粉、泡打粉和可可粉一起过筛后，加到鸡蛋混合物内，搅打均匀后，倒入溶化的巧克力，搅匀拌透，装入备用的蛋糕模具内。

③ 将蛋糕模放入烤箱烘烤，烤 20~40min，至完全熟透后取出，待冷透后即可食用。

第三节　调理型蛋糕

调理型蛋糕是以普通蛋糕坯为基础，采用奶油膏、糖膏或果酱等，经再加工而成，也有以蛋糕坯作馅心外包其他面团复合制成的，这种做法能丰富花色品种，并具有多种风味。

一、常用馅料和装饰料

调理型蛋糕用到的馅料、装饰料种类繁多，通过对它们的合理使用，既可以改善制品的风味、造型，又有烘托气氛的作用，受到人们的普遍欢迎。这些材料一般都可直接在市场上买到，也可自己动手制备，在具体使用过程中，需要采用多种手法和技巧，才能达到理想的效果，如：涂抹、裱花造型、雕塑造型等。

(一) 糖水

1. 配方

蔗糖 500g，清水 200g。

2. 制作方法

① 将蔗糖和清水一起盛在不锈钢锅内，在火上烧煮并不断搅动，以防焦底，烧沸时离火。

② 稍加冷却后，用细筛子过滤一下，去除浮沫及杂质，盛放在洁净的容器内备用。

糖水可根据具体需要，进行浓缩或加开水冲淡。

(二) 苹果馅

1. 配方

苹果 1kg，白砂糖 200g。

2. 制作方法

① 苹果去皮、核，切成薄片，放在不锈钢锅里，加入白砂糖拌匀，煮沸后捞出苹果片，控去水分。

② 将苹果汁上火熬浓，把苹果片再次放入，拌和均匀，即成苹果馅。

(三) 橘子果酱

1. 配方

橘子 1kg，白砂糖 1000g，水 500g。

2. 制作方法

① 橘子去皮、核，把橘子瓣切成小块，橘子皮洗净，用刀切成丝，放入不锈钢锅，加水，上火煮制。

② 将橘子皮煮透时，放入白砂糖搅拌，熬煮过程中，要勤搅动，以防粘底，熬至 120℃，离火冷却，即成橘子果酱。

(四) 苹果酱

1. 配方

苹果 1kg，白砂糖 900g，水 500g。

2. 制作方法

① 把苹果洗净去皮、核，切成小块，放入不锈钢锅里，加水煮沸。

② 把苹果煮烂后，过筛制成苹果泥，再放入白砂糖熬煮，熬至约 120℃，离火晾凉，即成苹果酱。

(五) 奶油膏

1. 配方

奶油或人造奶油 1kg,细糖粉 300~700g,水 200g,柠檬酸 2g,香精适量。

2. 制作方法

① 糖粉放入不锈钢锅里,加水煮沸,加入柠檬酸,小火煮沸至糖浆温度接近 104℃,冷却至 40℃ 左右,备用。

② 把奶油放入洗净不锈钢容器里,加入糖浆,慢速搅拌均匀,高速打成膨松体。要求:糕体色泽乳白、膨松、细腻、滑润且挺架。

奶油膏可以根据实际需要,进行调香、调色等处理。

(六) 咖啡白脱奶油

1. 配方

糖浆 300g,速溶咖啡 10g,白脱油 500g。

2. 制作方法

① 先熬制糖浆,具体做法是:200g 蔗糖,加水 100g,烧煮至沸腾,糖充分溶化即成。存放的时间较长时,为防止糖浆结晶,可加入少许柠檬酸一起烧煮。

② 将糖浆和速溶咖啡放在一起搅打混合,备用。

③ 软化后的白脱油,放在另一只搅拌盆内,用蛋甩搅打至泛白并呈羽绒状时,慢慢地加入咖啡糖浆,不停地搅打,至糖浆加完并搅打均匀即可使用。

(七) 蛋白膏

1. 配方

鸡蛋清 500g,白砂糖 1.2kg,水 1kg,食用明胶 100g,香草粉少许。

2. 制作方法

糖粉放入不锈钢锅里,加水煮沸,加入泡软的明胶,小火煮沸至糖浆温度接近 140℃,备用。

先将鸡蛋清打成雪花状膨松体,再将沸热糖浆冲入,先慢后快,边冲浆边搅打,冲完后,继续搅打,搅打至能立住花即为烫蛋白,要求:洁白细腻,有亮光,甜度大,可塑性好。

盛放蛋白膏的容器,应放在热水浴上,保持一定温度,防止凝固过快。

(八) 蛋白糖粉 (糖霜)

1. 配方

糖粉 500g,鸡蛋清 100g,白醋 10g。

2. 制作方法

① 将糖粉过筛,放入洗净、消毒的盆里,加入鸡蛋清,用木制搅板搅拌至白色。

② 起发后,加入白醋,继续搅拌至白色、起发,并能立住花时,用适量的香

精调好口味（如需调色，可取出部分搅好的糖粉，加入食用色素，调成各种颜色），然后用湿布盖好，即成搅糖粉，要求：洁白、细腻、有韧性。

3. 注意事项

选用糖粉越细越好，搅糖粉可根据所需的稀稠程度投入蛋清。如用于点心的挂皮、抹面，就需要稀点的搅糖粉，需多放点蛋清；如用于挤花或做立体图案，就得稠点，要少放点蛋清。

（九）风糖（返砂糖、白马糖）

1. 配方

白砂糖1kg，白醋20g（可用150g左右的葡萄糖代替，但用水量需适当减少），水400g。

2. 制作方法

① 把白砂糖和水放入锅中，加热熬煮，用木搅板不断搅动，待糖全部溶化后，加入白醋，熬至大约120℃（即小拔丝，或者用一个直径1cm的铁丝圈，蘸入糖液中，提起时能吹出泡）时，离火。

② 将糖液倒在干净的、撒有凉水的石板操作台上，待糖液摊开后，再撒一层凉水，使之冷却。

③ 糖液温度降到40℃左右时，用手或木搅板，搅拌拔白，拔白后，即为风糖。用刮刀刮起，放于容器内，用湿布盖好，防止表皮干燥。特点：洁白细腻。

（十）巧克力沙司

1. 配方

水500g，可可粉40g，巧克力250g，白糖500g。

2. 制作方法

① 将水和可可粉一起放入锅内，置火上加热至沸腾，加入巧克力并用拌板不断搅动，使巧克力能较快溶化。

② 待巧克力完全溶化之后，再加入白糖并用拌板搅动几下，使糖溶化，待再次烧沸时离火。

③ 稍冷后，用筛子过滤一下，装入洁净的容器内备用。

（十一）草莓沙司

1. 配方

明胶粉5g、水250g、白糖500g、草莓果酱50g、食用色素少许。

2. 制作方法

① 将明胶粉放入盆内，加入温水后浸泡，浸透后加热搅打，至明胶粉完全溶化。

② 将明胶水和白糖一起放入锅中，置火上烧煮至白糖溶化并沸腾。

③ 加入草莓果酱和适量食用色素，搅打匀透并调制色彩逼真的草莓汁，离火。

④ 冷透后，装入洁净的容器内以备使用。

二、调理型蛋糕制作实例

（一）三色蛋糕

1. 蛋糕坯制作

分别烤制白色、黄色和红色三种颜色的长方形蛋糕（清蛋糕、油蛋糕均可），糕坯厚度为2cm左右，备用。

2. 调理方法

① 用刀将糕坯表面修平，均匀涂抹馅料（如果酱、奶油膏），叠放为三层，再用刀切成一定形状（如三角形、长方形等）的块。

② 用糖霜等饰料包裹外表，简单装饰即可。

（二）酥皮蛋糕

1. 蛋糕坯制作

采用清蛋糕糕糊，糕糊直接平铺在擦过油的烤盘里，进炉烘炼，烤出来的糕坯厚度为4cm左右，表面要求平整，否则需要大致修平。

2. 调理方法

① 先将5g泡打粉掺入500g低筋面粉，堆放在操作台上，中间开窝，加入糖粉300g、熟猪油200g、奶油100g、鸡蛋120g，擦制均匀，然后拌入面粉，和成皮料面团。

② 将蛋糕坯切成宽窄合适的长条，备用。

③ 将皮料面团擀成1cm厚的薄片，用刀切成长度和蛋糕相等、宽度正好能完全包裹住蛋糕的长方形，涂一层蛋浆，将蛋糕坯包起来，放入烤盘。

④ 炉温170℃，烤至皮色微黄，即可出炉，冷却后，按重量要求切成小块。

（三）卷筒蛋糕

1. 蛋糕坯制作

采用清蛋糕糕糊，糕糊直接平铺在擦过油的烤盘里，进炉烘炼，糕坯不要烘得太老，出炉温度不超过200℃，糕坯厚度应根据具体品种而定，制作奶油卷筒时，糕坯厚度一般为2cm，果酱卷筒糕坯厚度一般为1cm。

2. 调理方法

① 台上放一张比糕坯略大的纸，放上大小、厚薄合适的糕坯，切面朝下。

② 将蛋白膏（或果酱等）均匀涂在糕坯上，连纸带坯，卷成筒形，将卷成筒形的蛋糕排紧放置。

③ 待形状固定后，去掉纸，切成大段或小块，撒上糖粉即可出售。也可在切成大段的蛋糕表面，进行装饰，制成更加精致、美观的制品。

（四）树桩蛋糕

1. 蛋糕坯制作

将卷筒形蛋糕切成合适长段，也可以直接用筒形模具，装入海绵蛋糕糊，烤制成柱状蛋糕，还可以将片状蛋糕坯叠放、修割成柱状。

2. 调理方法

① 用巧克力奶油覆盖蛋糕卷，用叉子沿奶油表面划出树皮图案。

② 首先把乳白色风糖衣擀成薄片，将棕色色素水刷在上面，把糖片切成长条状，把长条接起来，最后再一起卷起来。

③ 用刀从糖卷上切下厚薄适度的两片，再分别擀制成类似于树桩年轮图案的圆片，粘贴在柱状糕坯的两个端面。

④ 再做一两个锯开的树枝状饰物，斜粘在桩体合适的位置，端面也要粘上大小合适的年轮糖片。

可根据具体需要进行进一步的装饰。

（五）黑森林蛋糕

1. 蛋糕坯制作

制作直径为 20cm、厚度为 6cm 的圆形可可海绵蛋糕坯 1 只，配方中加入可可粉或/和巧克力色素，糕坯为棕褐色。

2. 调理方法

① 将可可海绵蛋糕胚，用锯齿刀批去表皮和底层，然后再批成三层蛋糕片备用。

② 将黑樱桃剁碎，加入樱桃白兰地酒混合，把巧克力糖加热软化，抹平晾凉，用刀片成树皮片，备用。

③ 取一层蛋糕片放在蛋糕转盘上，用抹刀涂上一层奶油膏，均匀地放上酒渍黑樱桃，盖上第二层蛋糕片，再涂上一层奶油膏，放上酒渍黑樱桃，盖上第三层蛋糕片，轻轻按压，使之平整。

④ 用抹刀将奶油涂抹在蛋糕的表面及四周并刮平整，在蛋糕侧面粘上一圈黑色巧克力米。

⑤ 将剩余的鲜奶油装在装有裱花嘴的袋内，在蛋糕表面挤上 8 个距离相等的螺旋造型，螺旋上间隔放上带柄的红、绿樱桃作装饰，中央部分撒上香草巧克力刨片，插上装饰小树作点缀。

（六）糖皮小蛋糕

1. 蛋糕坯制作

圆形清蛋糕坯，切割成型的长方形小蛋糕。

2. 调理方法

① 将蛋糕坯从中间片开，先把下片淋上一层含有白兰地酒的糖水，再均匀抹

上苹果酱，把上片对齐放上，上面淋上一层糖水，再抹上果酱。

② 用温火软化风糖，搅拌均匀，用少许水调好稠度，取适量放在蛋糕上面，迅速抹匀、抹平。

③ 取适量软化的风糖，加入可可粉，搅拌均匀，装入油纸卷里，在挂好糖皮的蛋糕上边挤上图案花纹，侧边上粘一层蛋糕渣，也可以粘碎杏仁、碎核桃仁等。

（七）生肖蛋糕

1. 蛋糕坯制作

直径为24cm、厚度为6cm的圆形海绵蛋糕坯1只。

2. 调理方法

① 在预先设计好的图样上铺放一张描图纸，将溶化的香草巧克力装入挤花纸袋内，剪去袋尖，在描图纸上描画出生肖动物（如龙、马等）的图形，移放至阴冷处，使其凝固，备用。

② 将海绵蛋糕放在蛋糕转盘上，用锯齿刀批去表皮及底层，然后批成三层蛋糕片，备用。

③ 取底层蛋糕片，铺放在蛋糕转盘上，用抹刀涂抹一层奶油膏后，盖上第二层蛋糕片，再涂抹一层鲜奶油，盖上第三层蛋糕片，然后，将奶油膏涂抹在整个蛋糕的表面及四周，涂抹均匀、刮平，再用锯齿刀拉出齿纹装饰，侧面粘上蛋糕末、彩色巧克力针等材料，移放到纸板上。

④ 将带巧克力线条造型的图纸，覆在蛋糕面上合适的位置，小心地揭去图纸，用调过色的鲜奶油依据图形要求进行最后的裱花装饰。

复 习 题

1. 蛋糕制作的关键是什么？
2. 蛋糕制作中如何选用面粉？
3. 糖在蛋糕制作中的作用有哪些？
4. 蛋糕油（乳化剂）的作用有哪些？如何准确使用？
5. 简述比较常用糕糊调制方法的优缺点。
6. 如何延长蛋糕的货架期？
7. 调理型蛋糕的制作方法主要有哪些？
8. 炉温对蛋糕质量有哪些影响？试分析原因。

第六章 月饼生产工艺

第一节 概　　述

月饼，在我国有着悠久的历史。据史料记载，早在殷、周时期，江、浙一带就有一种纪念太师闻仲的边薄心厚的"太师饼"，此乃我国月饼的"始祖"。汉代张骞出使西域时，引进芝麻、胡桃，为月饼的制作增添了辅料，这时便出现了以胡桃仁为馅的圆形饼，名曰"胡饼"。我国历史上就有中秋"赏月"、吃"月饼"的习俗。中秋赏月的习俗距今已有两千多年的历史。中秋最早只是"祭月"节令。赏月大约是从东汉时期开始形成的。东晋权臣庚亮有《南楼赏月》诗、南朝梁元帝赋有《江上望月》诗。到北宋初年，朝廷正式设立中秋节。《宋史·太宗记》记载："以八月十五为中秋节"和"中秋节食玩月羹"、"民间争占酒楼玩月"等，已经描绘出中秋节的赏月情景。经过历史的演变，月饼的内涵丰富了，身份提高了，它已不单单是一种食品，而是一种"文化"的象征。吃月饼，实际吃的是一种文化、一种气氛、一种情感。

一、月饼的特点及分类

我国月饼品种繁多，按产地分为：广式、京式、苏式、台式、滇式、港式、潮式，甚至日式等；就口味而言，有甜味、咸味、咸甜味、麻辣味；从馅心讲，有五仁、豆沙、冰糖、芝麻、火腿月饼等；按饼皮分，则有浆皮、混糖皮、酥皮三大类。相关分类简介如下。

(1) 广式月饼　广式月饼是目前最大的一类月饼，它起源于广东及周边地区，目前已流行于全国各地，其特点是皮薄、馅大，通常皮馅比为2∶8，皮馅的油含量高于其他类月饼，吃起来口感松软、细滑，表面光泽突出，突出的代表是广州莲香楼及广州酒家的白莲蓉月饼。

(2) 京式月饼　京式月饼起源于京津及周边地区，在北方有一定市场，其主要特点是甜度及皮馅比适中，一般皮馅比为4∶6，以馅的特殊风味为主，口感脆松，主要产品有北京稻香村的自来红月饼，自来白月饼，还有五仁月饼等。

(3) 苏式月饼　苏式月饼起源于上海、江浙及周边地区，其主要的特点是饼皮酥松，馅料有五仁、豆沙等，甜度高于其他类月饼，主要产品有杭州利民生产的苏式月饼等。

（4）滇式月饼　滇式月饼主要起源并流行于云南、贵州及周边地区，目前也逐渐受到其他地区消费者的喜欢，其主要特点是馅料采用了滇式火腿，饼皮酥松，馅料咸甜适口，有独特的滇式火腿香味，主要产品是昆明吉庆祥生产的云腿月饼。

（5）其他月饼　其他帮式的月饼相对量较少，如冰皮月饼、果蔬月饼、海味月饼、椰奶月饼、茶叶月饼等。图 6-1～图 6-4 为常见的几种月饼。

提浆月饼

自来白月饼

自来红月饼

翻毛月饼

图 6-1　京式月饼

糖浆皮月饼

酥皮月饼

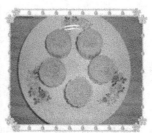
冰皮月饼

图 6-2　广式月饼

图 6-3　滇式月饼

二、月饼生产主要原辅材料

月饼生产的主要原料是糖、油、面、蛋等，辅料很多，如各种果仁、果蔬、花

苏式月饼　　　　　　台式月饼　　　　　　港式月饼

图 6-4　其他月饼

卉加工制品及肉制品等。对于主要原料的特性在原料一章中已详细介绍，这里不再重述。

第二节　月饼生产工艺

月饼生产的工艺流程如下：

原料→原料预处理→制馅→分馅→包馅→成型装饰→烘烤→冷却→包装成品
　　　　　　　　　　　　　　　　　↑
　　　　　　　　　　　　　　　　制皮

一、皮料的调制

（一）糖浆的调制

糖浆的种类很多，其调制方法因其配方不同而异，比较简单的一种是 100kg 砂糖、40kg 水、1.4kg 柠檬酸，糖和水加热至 110℃ 加入柠檬酸，防止糖的结晶，有利于制品外皮保持柔软。糖浆制好后储存半个月以后再用。

（二）碱水的调制

将碱粉 25kg、小苏打 0.95kg、沸水 100kg 混合溶解，再用纱布过滤后存放起来待用。

（三）面团的调制

不同品种的月饼面团调制方法不尽相同，现以糖浆面团为例，作一介绍，对于其他面团的制作在相应章节中介绍。糖浆面团是将事先用蔗糖制成的糖浆或麦芽糖浆与面粉调制而成的面团。这种面团松软、细腻，既有一定的韧性又有良好的可塑性，适合制作浆皮包馅类糕点，如广式月饼、提浆月饼等。

糖浆面团可分为砂糖面团、麦芽糖浆面团、混合糖浆面团三类，以这三类面团制作的糕点，生产方法和产品性质有显著区别，以砂糖浆制成的糕点比较多。砂糖浆面团是用砂糖浆和面粉为主要原料调制而成的，由于砂糖浆是蔗糖经酸水解产生转化糖而制成的，加上糖浆用量多，制作浆皮类糕点时约占饼皮的40%左右，使饼皮具有良好的可塑性，不酥不脆，柔软不裂，并且在烘烤时易着色，成品存放2天后回油，饼皮更为油润。麦芽糖浆面团是以面粉与麦芽糖为主要原料调制而成的，用它加工出的产品的特点为：色泽棕红、光泽油润、甘香脆化。混合糖浆面团是以砂糖糖浆、麦芽糖浆等与面粉为主要原料调制而成的，用这种面团加工出的产品，既有比较好的色泽，也有较好的口感。具体糖浆面团典型配方见表6-1。

表 6-1　糖浆面团配方　　　　　　　　　　　　（单位：kg）

名称	原料					
	面粉	砂糖	饴糖	水	膨松剂	油
提浆月饼	100	32	18	16	0.3	24
广式月饼	100	82(糖浆)		2(碱水)		24
甜肉月饼	100	40	5	15		21

糖浆面团的调制方法如下：首先将糖浆放入调粉机内，加入水、膨松剂等搅拌均匀，加入油脂搅拌成乳白色悬浮状液体，再逐次加入面粉搅拌均匀，面团达到一定软硬程度，撒上浮面，倒出调粉机即可。搅拌好的面团应该柔软适宜、细腻、发暄、不浸油。由于糖浆黏度大，增强了对面筋蛋白的反水化作用，使面筋蛋白质不能充分吸水胀润，限制了面筋大量形成，使面团具有良好的可塑性。

调制糖浆面团时应注意以下几点：

① 糖浆必须冷却后才能使用，不可使用热浆；

② 糖浆与水（碱水等）充分混合后，才可加入油脂搅拌，否则成品会起白点，再者对于使用碱水的，一定要控制好用量，碱水用量过多，成品不够鲜艳，呈暗褐色，碱水用量过少，成品不易着色；

③ 在加入面粉之前，糖浆和油脂必须充分乳化，如果搅拌时间短，乳化不均匀，则调制的面团发散，容易走油、粗糙、起筋，工艺性能差；

④ 面粉应逐次加入，最后留下少量面粉以调节面团的软硬度，如果太硬可增加些糖浆来调节，不可用水；

⑤ 面团调制好以后，面筋胀润过程仍继续进行，所以不宜存放时间过长（在30～45min 成型完毕），时间拖长面团容易起筋，面团韧性增加，影响成品质量。

（四）皮料的制作

按要求调制出软硬适宜的面团。使用时，经适当处理后，搓成长条圆形，并根据产品规格大小要求，将其分摘成小坨（剂），用擀棍或用手捏成面皮即可。

二、馅料的调制

馅料俗称馅心，是用各种不同原料，经过精细加工拌制而成的。馅料的制作是月饼生产中重要的工艺过程之一。

三、包馅、成型、烘烤

① 包馅时,皮要厚薄均匀,不露馅。

② 印制成型时,面皮收口在饼底。

③ 烘烤时,将制好的月饼坯放入预先刷过油的烤盘内。再往月饼外层刷一层蛋清液。入炉烘烤,炉温一般控制在 250～280℃。大约 15min 即可。烘烤时间要严格控制,烘烤时间过长,则饼皮破裂,露馅;烘烤时间过短,则饼皮不膨胀,带有青色或乳白色,饼皮出现收缩和"离壳"现象,也易发霉。烘烤成熟后出炉,出盘,自然冷却后包装。

四、卫生指标

月饼卫生指标应按糕点、面包卫生标准 GB 7099—2003 要求执行。即月饼在生产时应符合表 6-2 理化指标的规定,同时符合表 6-3 微生物指标的规定。

表 6-2 理化指标

项 目		指 标
酸价(以脂肪计)(KOH)/(mg/g)	≤	5
过氧化值(以脂肪计)/%	≤	0.25
砷(以 As 计)/(mg/kg)	≤	0.5
铅(以 Pb 计)/(mg/kg)	≤	0.5
黄曲霉毒素 B_1/(μg/kg)	≤	5
食品添加剂		按 GB 2760 规定

表 6-3 微生物指标

项 目		指 标			
		热加工		冷加工	
		出厂	销售	出厂	销售
菌落总数/(cfu/g)	≤	1000	1500	5000	10000
大肠菌群/(MPN/100g)	≤	30	30	150	300
致病菌(系指肠道致病菌和致病性球菌)		不得检出	不得检出	不得检出	不得检出
霉菌计数/(cfu/g)	≤	50	100	100	150

图 6-5～图 6-7 为手工制作月饼的过程图。

  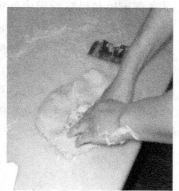

图 6-5　配料、和面

 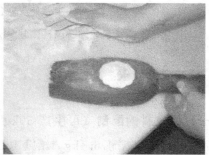

图 6-6　包馅、成型

图 6-7　涂抹蛋液、烘烤

第三节　广式月饼

广式月饼,又名广东月饼,是我国月饼的一大类型,盛行于广东、海南、广西等地,并远传至东南亚及欧美各国的华侨聚居地。广式月饼因主产于广东而得名,早在清末民初已享誉国内外市场。广式月饼的主要特色是：选料上乘、精工细作、饼面上的图案花纹玲珑浮凸，式样新颖，皮薄馅丰、滋润柔软，色泽金黄，口味有咸有甜，可茶可酒，味美香醇，百食不厌。它的品名一般以饼馅的主要成分而定，如五仁、金腿、莲蓉、豆沙、豆蓉、枣泥、椰蓉、冬蓉等。它的原料极为广泛，如蛋黄、皮蛋、香肠、叉烧、鸡丝、烧鸭、冬菇、奶粉等都可作为原料，并且一种皮可包多种馅心，以生产众多的花色品种。深受消费者的欢迎。

一、工艺流程

砂糖、葡萄糖、水 → 糖浆熬煮 → 冷却 →(碱水)乳化 →(油脂 面粉过筛)面团调制 → 分皮 → 包馅 → 成型 → 刷蛋液 → 烘烤 → 包装 → 冷却 → 成品

馅料预处理 → 馅料调制 → 分馅

二、工艺要求

(一) 饼皮料的配制（可生产50kg成品）

面粉9.25kg，糖浆6.1kg，饴糖1.25kg，生油1.4kg，碱水0.175kg。面粉过筛，置于台上，中间扒开塘，倒入加工好的糖浆，先与碱水兑匀，再放油搅和，逐步拌入面粉，拌匀后搓揉，直到皮料软硬适度，皮面光洁即可。广式月饼的饼皮系属糖皮类，是用糖浆或饴糖调制成面，又称"单层饼皮"，其特点是饼皮松软，不易破碎。

另备蛋液1kg，在烘前涂饼面用，以增加光泽。

(二) 饼馅的配制

各种馅料制备时配方见表6-4。

馅料的制作方法如下：

(1) 豆沙馅 以红小豆为主要原料，先将红小豆煮烂擦碎用竹箩滤去豆皮，沉淀后用布袋滤去多余水分，与砂糖一起入锅炒制，炒制一段时间后再倒入生油进行拌炒，至水分蒸发完，近于成块，倒入面粉、糖玫瑰，炒匀为止。这种制法品质较好，且保管期长。

(2) 豆蓉馅 以绿豆粉为主料，先将油放入油锅内加热，加入生葱，炸黄去渣，再加适量水烧开，放入砂糖、盐、五香粉等，溶化后倒入绿豆粉，不停地搅拌熬制成泥即成。豆蓉馅不易保管，故水分含量应不超过10%。用油量一般为绿豆粉的35%～50%，糖量为绿豆粉的100%～140%。

(3) 枣泥馅 以红枣、黑枣为主料，先将枣蒸烂，去核后放入筛中擦除枣皮，

表 6-4　各种广式月饼馅料配方　　　　　　　　　　（单位：kg）

原　料	名　称							
	豆沙	豆蓉	枣泥	百果	金腿	椰蓉	冬蓉	莲蓉
砂糖	16	15	8.25	9.5	8.75	12.25	7.5	16.875
红小豆	12							
生油	5.5	3	6.5	1.5	7.5		1.5	6.565
糖玫瑰	1.5			1	1.5			
面粉	1							
绿豆粉		10.5	1.5					
猪油		1				5.25	1.5	
五香粉		0.25			0.175			
麻油		2.5			0.25			
精盐		0.1			0.065			
生葱		1						
黑枣			18.7					
熟糯米粉			1.5	2.5	3	26.25	3.75	
净白膘肉				7.5	6.75		3	
橄榄仁				1	1			
瓜子仁				2	2			
核桃仁				2	2			
熟芝麻				2.5	2			
糖冬瓜				2.5	1.5	15		
大橘饼				0.5	5.5			
大曲酒				0.375	0.125			
杏仁				0.5	1.5			
糖金钱橘				1.5	2.5			
火腿					1.5			
胡椒粉					0.175			
椰子粉						10.5		
鸡蛋						6.575		
香精						100ml		
熟面粉							3.75	
莲子								15
碱水								0.25

滤出枣浆。按每100kg枣浆加50~80kg的砂糖、50~80kg的熟猪油或植物油，同时入锅溶化，浓缩成厚泥，最后加入5kg左右糕粉拌匀即成。

（4）百果馅　将白膘切成小丁，用糖腌（比例为1∶1）。果料、蜜饯切碎，将砂糖与糖渍白膘加清水溶化，再加入芝麻、果料、蜜饯等搅拌，最后加糕粉拌匀即可。

（5）椰蓉馅　以椰子肉粉为主料，先将蛋及砂糖搅拌溶化，然后投入椰子肉粉及其他原料拌制而成。

（6）冬蓉馅　以糖冬瓜为主料，先将糖冬瓜绞成糊状再与其他原料混匀而成。

（7）莲蓉馅　以莲子为主料，先将莲子去皮、去心，再将莲瓣放入不锈钢锅内煮烂，绞成泥，榨去多余水分备用。以1~1.5倍的砂糖，加水溶化，熬制，待水分基本蒸发后，加入植物油，继续搅拌，炒干成稠厚的沙泥即可。

（8）金腿馅　火腿切成小丁，切料颗粒要均匀，不可乱斩。应按糕粉吸水量加水，加白糖时，要先将其溶解；炒蓉时，随时注意火候，过旺易焦，不足，则不黄，一定要用不锈钢锅炒，铁锅会使浅色馅变深。下油要慢，少量多次才能吸收，否则油、馅易分离。其余与百果馅制法相同。

（三）包馅

先将饼馅及饼皮各分4块，皮每块约为5kg，馅每块约为8kg，皮、馅各分40只。取分好的皮料，用手掌压扁，放馅，收口。口朝下放台上，稍撒干粉，防止成型时粘印模。包馅时基本按皮占35％、馅占65％的比例进行包制。

（四）成型

把捏好的月饼生坯放入特制的印模内，封口处朝上，撤实，不使饼皮露边或溢出模口，然后敲脱印模，逐个置于烘盘内。

（五）饰面

将饰面用的鸡蛋打匀，先刷去饼上干粉，再用排笔在饼面上刷一层薄薄的蛋液，以增加光泽。

（六）烘烤

炉温一般用250~280℃，烘烤约15~20min便可。烘烤是关键，要正确掌握炉温与时间。烘软品时，炉温略低，时间稍长。若馅内拌有生白膘，烘烤时间要适当延长。

三、质量要求

（1）色泽　表面棕黄色或金黄色，有光泽，蛋浆层薄且均匀，没有麻点和气泡，底部周围没有焦圈，圆边应呈现黄色。如果表面颜色深，圆边颜色过浅，呈现乳白色，则说明馅料含水过高（如豆沙、莲蓉、枣泥），久存容易产生脱壳和霉变。

(2) 形状　表面和侧面圆边处微凸，纹印清晰，不皱缩，没有裂边、漏底、露馅等现象。如表面突起，中心下陷，侧面圆边凹进，表明烘烤不熟。

(3) 外皮　松软而不酥脆，没有韧缩现象。

(4) 内质　皮、馅厚薄均匀，无脱壳和空心现象。果料粗细适当，橘皮、橘饼等必须细碎。

(5) 滋味　应有正常的香味和各种花色的特有香味，如使用香精，不宜过浓，不能有刺鼻的感觉。

(6) 理化指标　一般水分不大于15%，个别品种不大于19.5%；脂肪约为15%；糖一般不少于22%（以蔗糖计算）。

第四节　苏式月饼

苏式月饼的制作较其他月饼的年代为早，在北宋时期已有制作。苏式月饼所选用的原材料和辅料十分讲究，富有地方特色。核桃仁在苏式月饼馅料配制中占主要地位，而其他月饼用量极少。今天的苏式月饼，在质量上，日有提高，花色品种也有了很大的发展，但在制作方法与馅料、皮酥等配制方面，仍与传统的配制方法相仿。苏式月饼是流传于苏、浙、沪等地区月饼的统称，与广式月饼齐名，为我国民间月饼制作方法的两大流派之一。其特殊的一个特点是"酥"，入口即酥化、香脆、松嫩，富有营养。从外形看，酥松饱满，层次清晰，色泽美观。口感清新淡雅，甜度不高，不像广式月饼味道浓郁、甜度高，这是苏式糕点的精华。苏式月饼的花色品种分甜、咸或烤、烙两类。甜月饼的制作工艺以烤为主，有玫瑰、百果、椒盐、豆沙等品种，咸月饼以烙为主，品种有火腿猪油、香葱猪油、鲜肉、虾仁等。其中清水玫瑰、精制百果、白麻椒盐、夹沙猪油是苏式月饼中的精品。

一、工艺流程

```
                面粉→过筛              馅料调制
                   ↓                      ↓
油、糖→拌匀→和面→醒面→包酥→分块→包馅→成型→盖印→入盘→烘烤→成品
                           ↑
                      油、面→擦酥
```

二、工艺要求

（一）饼皮料的配制

(1) 制皮　面粉按配方称量置台板上开塘，中间加猪油（麻油）、饴糖和热水

充分搅拌均匀，再拌入面粉和成光滑的面团。具体用量见表6-5。

（2）制酥　面粉和猪油（麻油）按配方称量，揉搓均匀即可。配方见表6-6。

表6-5　皮料配方　　　　　　　　　　　　（单位：kg）

名称	原料					制法
	精粉	熟猪油	麻油	饴糖	80℃热水	
黑芝麻盐（素）	8		2.6	1	6	调成面团
其他	9	3.1		1	3.5	调成面团

表6-6　酥料配方　　　　　　　　　　　　（单位：kg）

名称	原料			制法
	精粉	熟猪油	麻油	
黑芝麻盐（素）	4.25		1.88	调匀擦透成油酥
其他	5	2.85		调匀擦透成油酥

（3）制皮酥　制皮酥有大包酥和小包酥两种。现以每500g月饼6只计算，皮、酥备以5kg为单位（即60只成品），取皮1.6kg，酥0.78kg；素芝麻椒盐月饼取皮1.45kg，酥0.61kg。

大包酥　将油酥包入皮料，用滚筒压成薄皮（0.66cm厚），卷成圆形长条，用刀切成10块，再将小块的两端刀痕处，折向里边，用手掌按成薄饼形即可包馅。但要注意，酥包入皮内用滚筒擀薄时，不宜擀得太窄太短，以免皮酥不匀，影响质量。

此种方法的优点是制作效率高，适合月饼的大量生产；缺点是皮酥不太匀，饼皮容易碎裂。

小包酥　将皮料与油酥各分10小块，油酥逐一包入皮料，用滚筒稍稍压延后卷折成团，再用手掌按成薄饼形，即可包馅。

此种方法的优点是皮酥均匀，饼皮光滑，不易碎裂；缺点是比较费工。

（二）饼馅的配制

各种馅料制备时配方见表6-7。

馅料的制作，根据配方拌匀，揉透滋润即可。但下列馅料需预制成半成品。

① 松子枣泥。先将黑枣去核洗净，蒸烂绞成碎泥。糖放入锅内加水，加热溶化成糖浆，浓度以用竹筷能挑出丝为适度，然后将枣泥、油、松子加入，拌匀，烘到不粘手即可。

② 猪油夹沙。红小豆9kg，砂糖15kg，饴糖1.5kg，生油2.5kg，水3kg制成豆沙（制法与豆沙馅同）。然后，将豆沙与糖、猪油丁、玫瑰花、桂花拌匀即可。

（三）包馅

按馅逐块包入皮酥内即成，但猪油夹心月饼需先取豆沙馅按薄置于皮酥上，再

表 6-7　各种广式月饼馅料配方　　　　　　　　　　（单位：kg）

原料	名称							
	清水玫瑰	水晶百果	甜腿百果	黑芝麻盐(素)	黑芝麻盐(荤)	松子枣泥	清水洗沙	猪油夹沙
砂糖	11	11	11	12	11	16		
熟面粉	5	5	5	1.75	1.5			
熟猪油	4.25	4.25	4.25		4.15	3.5		
糖制猪油丁	5	5	5		5	0.75	2.5	8
熟火腿肉			1					
麻油				6.5				
黑芝麻屑				5	4			
黑枣						8		
豆沙							28.5	22.5
核桃仁	1.5	2.5	1.5	2.5	1.5			
松子仁	1.5	1	1	1.5	1	2		
瓜子仁	1	1	0.5	1.25	0.5	1		
糖橘皮	0.5	0.5	0.5	0.5	0.5	0.5	0.5	
黄丁	0.5	0.5	0.5	0.5	0.5	0.5	0.5	1
黄桂花		0.5	1	1	1			0.5
玫瑰花	1							0.5
精盐				0.25	0.25			

取猪油丁、桂花等混合料同时包入皮酥内。

（四）成型

馅料包好后，在皮酥的封口皮处，贴上方形小纸，压成 1.5cm 左右厚的扁形生饼坯。规格以每 0.5kg 6 只计算，每只为 90g，也可做成每 0.5kg 4 只或 12 只。为了区分各种馅料的月饼，一般在月饼的生坯上盖上各种名称的印章。

（五）烘烤

月饼生坯推入炉内，炉温保持在 240℃ 左右，待月饼上的花纹定型后，适当降温，上、下火要求一致，烤 6～7min 熟透即可出炉，待凉透后下盘。

（六）储存

在装盒以前需完全冷透，轻拿轻放，防止皮酥脱落，影响质量及美观。如运输，最好在月饼外面加蜡纸或尼龙袋。保藏期间一般存放在阴凉通风处。在 30℃ 的气温下可保藏一个月，但"豆沙"和"枣泥"等软货保藏时间较短。

三、质量要求

（1）色泽　表面金黄油润，圆边浅黄，底部没有焦斑。
（2）形状　平整饱满，呈扁鼓形，没有裂口和漏底现象。
（3）酥皮　外表完整，酥皮清晰不乱，无僵皮和硬皮。
（4）内质　皮馅厚薄均匀，无脱壳和空心现象，果料切块粗细适当。
（5）口味　饼皮松酥，有各种馅料的特有风味和正常香味，无哈喇味和果皮的苦味或涩味。

第五节　京式月饼

京式月饼是以北京地区制作工艺和风味特色为代表的一类月饼。作法如同烧饼，外皮香脆可口。京式月饼最大的特色是宫廷风格，做工考究，制作程序之复杂居中国四大月饼体系之首。仅以选料来说，老北京京式月饼的选料程序相当繁复，以月饼所用枣料为例，必须选用指定月份的密云小枣，其核小、肉甜、汁蜜，然后经筛选挑出规格一致的小枣，再经去核、去皮、去渣、粗制、精制、定级、分选等工序方可使用。

京式月饼的另一风格是满、蒙族风格。因为京式月饼起源于中国北方，虽然长久以来，吸收许多南方月饼的特点和工艺，但其满、蒙族风格仍然相当明显。比如，奶味重，奶香浓郁，这是因为满、蒙族人民都被喻为"马背上的民族"，长期以来形成了用奶和蜜进行保鲜的习惯，也形成了奶味浓郁的饮食风格。

从20世纪80年代后，京式月饼从民众的视野中消失。80年代前中国的生活水平较低，京式月饼不得不降低工艺和材料要求来满足需求，但随后民众对月饼的要求提高，广式月饼因此抢占市场，而京式月饼并没有及时地就月饼的质量与口感进行改良，所占的市场份额越来越小。京式月饼主要有以下几类。

提浆月饼类：以面粉、食用植物油、小苏打、糖浆制皮，经包馅、磕模成型、焙烤等工艺制成的月饼饼面图案美观，口感酥而不硬，香味浓郁。

自来白月饼类：指以面粉、绵白糖、猪油或食用植物油等制皮，以冰糖、桃仁、瓜仁、桂花、青梅或山楂糕、青红丝等制馅，经包馅、成型、打戳、焙烤等工艺制成的皮松酥、馅绵软的月饼。

自来红月饼类：指以精制面粉、食用植物油、绵白糖、饴糖、小苏打等制皮，以熟面粉、麻油、瓜仁、桃仁、冰糖、桂花、青红丝等制馅，经包馅、成型、打戳、焙烤等工艺制成的皮松酥、馅绵软的月饼。

京式大酥皮月饼类（翻毛月饼）：指以精制面粉、食用植物油等制成松酥绵软的酥皮，经包馅、成型、打戳、焙烤等工艺制成的皮层次分明、松酥，馅利口不黏的月饼。

一、提浆月饼

提浆月饼是京式糕饼中的糖皮饼品种。所谓"提浆"，是由于熬制饼皮糖浆时，用蛋白液或豆浆提出糖浆中的杂质而得来的。但目前生产用的蔗糖，品质纯净，制作糖浆已不再采用蛋白液提浆的方法。现在是将面团中所用的糖粉，化成糖浆后使用，这种糖浆过去称为提浆。提浆的目的有两个：一是化浆时加入少量蛋清，提取糖内的部分杂质；二是使糖液转化成单糖，防止蔗糖的结晶。

（一）工艺流程

白砂糖、饴糖、水→熬糖浆　　面粉　　馅料调制
　　　　　　　　　↓　　　　　↓　　　　↓
油、小苏打→搅匀→制面团→分摘→包馅→印模成型→烤制→成品

（二）工艺要求

（1）饼皮的配制　提前2~3天把皮料用的白糖放入3~4kg的水中煮沸，直到看不见糖粒为止，再加放饴糖搅拌均匀，待冷却后即为糖浆，备用。调粉，先将糖浆与油、小苏打加入调粉机内，搅拌均匀后将面粉分三次加入，每次加入后搅拌时间为7~8min，分次加面搅拌的目的是为了使面团有充分的延伸性，便于包馅。皮面所用配料见表6-8。

表6-8　部分提浆月饼皮料配方　　　　　　　　（单位：kg）

名　称	原　　　　料						
	精粉	白砂糖	麻油	花生油	饴糖	小苏打	炼乳
百果	15.5	5		3.5	3	0.05	
奶油	15.75	3	3		2.5		2.5
椒盐	17	4.25	3.25		3.75	0.075	
双麻	15	4	4		3.75	0.075	
精粉	15.5	4	4		3.75	0.075	
豆沙、枣泥	15.75	4	3		3.5	0.075	

（2）制馅　将糖、油及各种辅料按配方称量，搅拌均匀后，加入熟面粉继续拌匀即可成馅。馅料配比见表6-9。

（3）分摘、包馅、成型　将面团分成若干小剂（坯），包入与皮软硬一致的馅心。根据所需月饼大小基本按照皮占60%、馅占40%的比例进行包制。然后封口朝上放入木制印模中，用手掌逐个按紧，按平，磕入烤盘中。

（4）烘烤　入炉温度在200℃以上，一般在210~240℃，约10min，当制品烤

表 6-9 部分提浆月饼馅料配方　　　　　　　　（单位：kg）

原料	百果	奶油	椒盐	双麻	精粉	豆沙	枣泥
熟面粉	3.75	9.5	7.5	7.5	8		
砂糖	8	8.5	6	8.5	10		
麻油	3.5	4.5	5	4.25	4.5		
冰糖		1.5		1.5	1.5		
青红丝		1.25		0.5	1.5		
玫瑰花		1.25		1.5	1.5		
糖橘饼				0.75	0.25		
枣泥							25
豆沙						25	
青梅				1			
五香粉			0.1				
精盐			0.25				
葱			1.5				
核桃仁	2.5						
松子仁	1.5						
桂花	0.5						
瓜子仁	0.5						
葡萄干	0.5						
糖冬瓜	1.75						

至呈金红色时即可出炉。

（三）质量要求

底面呈褐色，边墙黄白色。外形呈扁圆形，花纹清晰，不露馅。饼皮起发均匀，松软细密，不酥脆，无皱缩现象。皮馅厚薄均匀，无脱壳和空心现象，馅细腻，辅料分布均匀，不偏馅。口感酥而不硬，具有果料香味，无异味。理化指标一般为水分不大于 12%，脂肪不少于 16%，糖（以蔗糖计）不少于 25%。

二、自来红月饼

（一）工艺流程

配皮料→制皮→打劲→包馅→定型→置盘→美化→烘烤→冷却→成品

配馅料→制馅→切馅

(二) 工艺要求

(1) 饼皮的配制　将糖、油、开水、苏打、面粉按先后顺序放入搅拌机中搅拌，直至搅拌成软硬适宜的面团。饼皮配方为精粉10kg，标准粉10kg，白糖1kg，饴糖1kg，香油9kg，苏打适量。

(2) 制馅　将糖、油、面依次放入搅拌机中搅拌均匀，再加入其他辅料继续搅匀。馅料配方为白糖8kg，香油4.8kg，熟制标准粉4kg，瓜子仁0.15kg，桂花0.5kg，青红丝0.5kg，冰糖1kg，桃仁1.5kg。

(3) 打劲　取约1.5kg面团放在案板上，用手按平，再用擀棍擀薄，从中间切开，再从外往里卷成条，达到面劲儿滋润。

(4) 切馅　将馅摊成长方形馅块，然后分切。

(5) 包馅　按照皮馅比为6∶4来掐皮、掐馅进行包制，包制时注意系口封严，不要偏皮、露馅。

(6) 定型　将包好馅的半成品（系口向上）放入模型中，用手按成扁圆形生坯。

(7) 置盘　将定型后的半成品生坯翻个，系口朝下，码在盘内，要求间隔均匀。

(8) 美化　用饴糖、白糖、蜂蜜和碱熟制成枣红色的浆水，即磨水，口尝微微发涩。用磨水在生坯表面打印圆形戳记。

(9) 烤制　将盛有美化后生坯的烤盘放入炉内，进炉温度为210℃，炉中温度为200℃，出炉温度为210℃，烘烤约10min成熟。

(三) 质量要求

扁圆形鼓状，上印磨水戳，块形整齐，0.5kg约6个。表面平整，呈深棕黄色，底呈金黄色，墙呈麦黄色，磨水戳呈黑红色并端正整齐。内部无空洞，不偏皮，不露馅，不含杂质。具有桂花香，松酥适口，无其他异味。

三、自来白月饼

(一) 工艺流程

自来白月饼生产工艺流程同自来红月饼。

(二) 工艺要求

自来白和自来红月饼二者皮料和馅料有一定差别，自来白月饼皮料为富强粉20kg，白糖1.5kg，白油10kg。馅料为白糖8kg，标准粉4kg，白油4.8kg，桃仁1kg，瓜子仁0.25kg，桂花0.5kg，山楂1.5kg，冰糖1kg，青红丝0.5kg。

自来白月饼生产工艺要求基本类似于自来红月饼，白糖馅的白月饼不打戳记，其他馅的月饼需打戳记注明。生坯进炉烘烤时，炉温为180℃，烤制16min左右便可成熟出炉，冷却后即为成品。

(三) 质量要求

要求块形整齐，扁圆形，一般 0.5kg 约 6 个。表面呈乳白色，底呈金黄色，表面不崩顶，不起泡。皮馅均匀，稍有空洞。入口松酥，不垫牙，有果料桂花香味。

四、京式大酥皮月饼类（翻毛月饼）

京式大酥皮月饼又名翻毛月饼，属暗酥糕点，制品外皮完整，不见层次，剖面层次分明，馅心居中不外露。它较苏式月饼色泽更洁白，而质地更精细，层薄而清晰，皮如絮状，翻起来，因而得名"翻毛月饼"。

(一) 工艺流程

```
                    面粉→过筛           馅料调制
                       ↓                  ↓
油、糖→拌匀→和面→醒面→包酥→分块→包馅→成型→盖印→入盘→烘烤→成品
                       ↑
                  油、面→擦酥
```

(二) 工艺要求

京式大酥皮月饼的生产工艺要求基本类似于苏式月饼的制作，只是在二者皮料和馅料用量配备上有一定差别，京式大酥皮月饼皮料为富强粉 16kg，白糖粉 1kg，猪油 3kg，水 5kg；酥料为富强粉 28kg，猪油 14kg；馅料为白糖 17kg，熟面粉 9kg，猪油 9kg，桃仁 3.5kg，花生仁 2kg，芝麻仁 2kg，杏仁 2kg，瓜子仁 0.5kg。包馅时皮馅比为 6∶4。

(三) 质量要求

(1) 色泽　表面金黄色，红印清晰，腰部乳白，底部中黄。
(2) 外形　扁鼓形，表皮完整不碎，不跑糖、露馅。
(3) 内部组织　酥皮层次分明，皮馅均匀，无空洞不含杂质。
(4) 口味　有果仁香味，松，绵软，无异味，不粘牙。

第六节　潮式月饼

潮式月饼又称水晶饼、软馅饼，原产于广东潮州和汕头，用猪油调制酥皮它在外形上与苏式月饼相像，用料却又略似广式月饼，潮式月饼的馅料以冬瓜条、肥膘丁、香葱、熟猪油、芝麻为主，饼皮酥肥，馅心肥软，带有浓郁葱香味，入口具有甜、香、软、肥的特殊风味。除在中秋前后作为中秋月饼而销售外，亦可作为平时糕点食用。

一、工艺流程

```
                    面粉→过筛              馅料调制
                        ↓                     ↓
油、糖→拌匀→和面→醒面→包酥→分块→包馅→成型→盖印→入盘→烘烤→成品
                        ↑
                   油、面→擦酥
```

二、工艺要求

（一）饼皮料的配制

（1）制皮　面粉按配方称量置台板上开塘，中间加猪油（麻油）、饴糖和热水充分搅拌均匀，再拌入面粉和成光滑的面团。具体用量见表6-10。

（2）制酥　面粉和猪油（麻油）按配方称量，揉搓均匀即可。配方见表6-11。

表6-10　皮料配方　　　　　　　　　　　　　　　（单位：kg）

名称	原料					制法
	精粉	熟猪油	花生油	饴糖	开水	
糖冬瓜	24	12		2	6	调成面团
其他	10	3	1.8	1.3		调成面团

表6-11　酥料配方　　　　　　　　　　　　　　　（单位：kg）

名称	原料		制法
	精粉	熟猪油	
糖冬瓜	6	1.6	调匀擦透成油酥
其他	10	13.8	调匀擦透成油酥

制皮、制酥、包酥、包馅同苏式月饼的制法。

（二）饼馅的配制

各种馅料制备时配方见表6-12。

馅料的制作，根据配方拌匀，揉透滋润即可。

（三）烘烤

烘烤时可依制品的品种来定，一般以文火带旺为宜，过旺会使月饼皮焦化。烘烤时间约为5～10min，若饼坯较厚，炉温可稍低些，烘烤时间为8～15min。

三、质量要求

（1）色泽　饼面深黄油润，腰部金黄泛白，底部棕黄无焦斑。

表 6-12　各种潮式月饼馅料配方　　　　　　（单位：kg）

原料	糖冬瓜	豆沙	冬蓉	果仁
糖冬瓜	17		35	45
熟糯米粉	6.5			
熟猪油	6	11	7	5.6
猪油丁	7		7	
砂糖粉		24	15	14.5
开水	6			
芝麻	5		5	4
青葱	0.5			
红小豆		7		
核桃仁				4
杏仁				4
瓜子仁	3			
糖金橘				1
青梅丁				1
糕粉			5	4.2
熟面粉				10
糖桂花		2		
饴糖		3		

(2) 外形　形状圆整扁平，饼面印章清晰，底部收口紧密。

(3) 内部组织　微显酥层，包心厚薄均匀，馅料软而略韧，白膘、蜜饯、果料大小适中，无杂质。

(4) 口味　皮松酥爽口，馅心肥润软糯，甜美可口，并有一定的葱香味或酯香味，无肉夹气和油脂哈喇味。

第七节　其　他

经过千百年的演变和发展，我国月饼质量不断提高，花色不断翻新，品种不断增加，除上述所介绍的几大类产品外，近几年来又涌现出很多新品种，其中以巧克力月饼和冰皮月饼最引人注目。个体大小也由常见的每 0.5kg 4 个发展至 10 个，甚至 18 个。

一、冰皮月饼

冰皮月饼与传统月饼的制造方法不同，传统月饼需以 200℃ 以上的高温烘制一段时间，但冰皮月饼是用专门的冰皮面粉，加入凉开水拌成面团，再包入馅料，放进模具中。虽然整个过程的卫生控制非常严格，但是不经过高温烘制，出现微生物风险会较高。所以冰皮月饼在运送和储存期间，需有更严格的温度控制，携带冰皮月饼到户外时，应使用旅行冰箱将月饼冷藏，在进食前才从冰箱中取出月饼。

该类月饼的制作较简单，馅料必须在包馅前加工成熟馅，然后将市售的冰皮粉料加入适量凉开水和成合适的面团，包馅成型后即为成品，但在储存及销售过程中要冷藏。先将其加工工艺介绍如下：

（一）工艺流程

配皮料→制皮→包馅→装模→定型→冷藏→成品
　　　　　　　↑
配馅料→制馅→切馅

（二）工艺要求

① 将冰皮粉和粟粉按配方称量混合放在容器里，把砂糖和油调匀后放入水中烧 5~10min 左右，再放入牛奶，使月饼皮更加滑润。水开后倒入事先调好的粉中均匀搅拌，不能上劲用手轻轻按压，使面粉和油均匀调和以至颜色呈金均匀状且没有气泡。皮料配方为黄油 7.5kg、牛奶 10kg、冰皮粉 3.8kg、粟粉 7.6kg、砂糖 3.8kg 和水 30kg，馅料可使用各种甜馅。

② 案板上先洒一些冰皮粉，用工具在案板上将粉团切成小团，再搓揉成扁圆形状，注意中间比边缘略厚。再把做好的甜馅揉成圆团置入面饼中间，再由下往上均匀包裹再收口，注意包裹时要匀称。

③ 在模具中先洒些冰皮粉，再倒出。取粉皮 23g 左右包入甜馅，置入月饼模中并用手压平，注意要均匀轻压。后按左右顺序敲打膜使面团成型。

④ 把做好的月饼放入冰箱冷冻 10~20min，这样美味的冰皮月饼就做好了。由于所有材料都已经蒸熟，所以不用再蒸烤。把做好的月饼放进冰箱冷藏一下就行。

二、鸡丝月饼

鸡丝月饼属于清真月饼，为咸馅，不同于一般的甜馅月饼，保藏时间较短，不宜隔夜，一般都现制现销。

(一) 工艺流程

```
                    鸡肉→绞成肉泥,加麻油、酱油等拌匀
                                    ↓
面粉、花生油、饴糖等→搅匀→酥皮→包馅→烘烤→成品
                         ↑
              面粉、花生油→擦匀
```

(二) 工艺要求

1. 原料及配方

(1) 皮面　精白面粉 10.5kg，花生油 3.3kg，饴糖 1.3kg，80℃ 热水约 4.5kg。

(2) 油酥　精白面粉 6.5kg，花生油 25kg。

(3) 馅料　新鲜鸡肉 1.75kg（去骨后绞肉机绞碎），白芝麻屑 5.25kg，麻油 1kg，酱油 1.5kg，绵白糖 1.25kg，精盐 0.25kg，味精 75g。

2. 制皮

面粉置台板上开塘，中间加花生油、饴糖和热水充分搅拌均匀，倒糖和成光滑的面团。

3. 制酥

面粉和花生油揉搓均匀即可。

4. 制皮酥

采用大皮酥和小皮酥均可。

5. 馅料的配制

先把宰杀好的鸡去头、翅、爪、内脏，再去骨，绞成肉泥，拌入麻油、酱油、绵白糖、味精等，最后拌入芝麻屑和盐。盐的用量可根据需要增减。

6. 包馅成型

将馅逐块包入皮酥内即成。每只皮重 32.5g，酥 15g，馅 43g，合计每只为 90.5g，烘熟后每只为 86g 左右。

7. 烘焙

根据炉温，烘焙时间可定在 6～10min，炉温要适当，过高易焦，过低要跑糖露馅。

(三) 质量要求

饼为扁圆形，色泽浅黄；口感酥松，香味浓郁。

三、巧克力月饼

巧克力的食用历史悠久，一直是西式美食与文化的时尚典范。巧克力在中国的消费历史很短，甚至还存在很多对巧克力食用认识上的误区，因此除国外品牌产品

及部分西式糕点应用外,真正自主应用巧克力产品品种、类别、形式都很少,在很多方面都是空白。其实巧克力是富有营养和健康的食品,是很有品位和文化特色的时尚消费品,在中国的消费潜力和发展空间都非常大。随着我国经济的发展和人民消费水平的提高,巧克力应该更多、更好地应用于中国烘焙食品,为消费者创造更多时尚和美味的精品。促进东西美食文化的融合发展。近年中秋月饼面临创新的课题,巧克力月饼的出现成为了中式月饼传统与时尚,继承与创新的一个新亮点。

巧克力月饼的特色有以下几点。①美味、时尚:集合了巧克力的高雅品味与中式月饼的喜庆文化,中西佳配,双重满足。巧克力月饼皮料香浓、醇厚、爽滑,回味绵长,与多种不同的馅料(莲蓉、豆沙、果仁、蛋黄等)共同组合的丰富口味是巧克力月饼精彩的诱人特色。②营养、健康:人类食用巧克力已有2000多年的历史,巧克力丰富的营养元素能为身体提供必需的矿物质和天然存在于可可豆中的植物化合物,最新科学研究表明,巧克力中的某些营养元素有益于心脏等身心健康。并能让人心情愉快。再配合品种多样的馅料构成了健康和均衡的营养。

巧克力月饼是一个中西佳配的新品种,更因赋予了品味和营养概念,自然在价格定位上属于中高档次。厂商可以尽情地在创新上把文化与品赏文章做足。在沿袭中式月饼风格之外进行一些新鲜有趣的尝试。比如在包装里精美西餐刀叉的配合使用,并附赠一些品赏文化来营造巧克力月饼高雅、新奇、独特的品赏氛围。更有一种迎合时尚人士趣味的另类组合,精制几款高档果仁、酒心等夹心手工巧克力,来陪衬精美的巧克力月饼。

总之,愈来愈多样化的消费心态,也促使厂商拿出更多有创意的产品来满足不同的消费人群。掌握了多样化、差异化的市场趋势而创新中秋月饼,将是厂商提升业绩的保证。随着中国经济对外开放步伐的加大,民族烘焙食品产业已面临愈来愈多的外来食俗和消费文化的冲击。要前进,要发展,必须要革新才能与时俱进。巧克力月饼的出现也仅仅只是开始,如何使危机转化为新的动力,促进中国烘焙产业向更高层次的发展,是我们共同的责任。

该类月饼的不同之处是饼皮为纯巧克力,因此,制作饼皮的关键就是控制好工作环境,其中主要控制好温度、湿度,使巧克力团块和其他皮料一样,便于包馅成型。

① 熔化巧克力。要将大块纯正的巧克力原料制作成小块的带馅心的巧克力,需要先将巧克力熔化。熔化巧克力时用巧克力炉。熔化巧克力的温度一般不超过40℃,温度高了巧克力会吐奶。巧克力熔化时不必将它切得很碎。将巧克力切得很碎熔化时反而容易产生颗粒,因此只需将巧克力切成小块即可。但是须注意,熔化巧克力时千万不可沾水或渗入水蒸气等。

② 制作巧克力月饼的温度。制作巧克力月饼时一定要掌握好温度。如果温度掌握不好,制作出来的成品会出现缺少光泽、容易吐奶、泛白、不易脱模等现象。

③ 将熔化的巧克力倒入模具至半满,倾斜旋转模具至巧克力粘满模具四周。

④ 轻轻将制好的馅料放入巧克力中间，再添加巧克力，填充模具。
⑤ 放入冰箱 15min 后，当巧克力凝固时扣出模具即完成。

第八节　月饼的质量标准

中秋佳节家人团圆，吃月饼赏月是中华民族的传统文化。月饼是我国特有的时令食品，已有千年历史。月饼的花色、品种不断增加，形成了京式月饼、广式月饼、苏式月饼等具有地方特色的产品。随着我国经济水平的提高和食品工业的进步，月饼的生产加工技术也得到了较快的发展，一些大、中型企业已实现了自动化生产加工和包装。为维护广大消费者的合法权益，让消费者吃上放心的月饼。食品厂必须在增加产品数量的同时，把产品质量放在第一位，确实做到优质、高产、低消耗。为了提高产品质量，把几种代表性月饼的质量标准叙述如下，供参考。

一、感官评价要求

月饼的感官评价指标符合 GB 19855—2005 要求。
① 广式月饼见表 6-13。

表 6-13　广式月饼感官评价要求

项目		要求
形态		外形饱满，表面微凸，轮廓分明，品名花纹清晰，无明显凹缩、爆裂、塌斜、坍塌和露馅现象
色泽		饼面棕黄或棕红，色泽均匀，腰部呈乳黄色或黄色，底部棕黄不焦，无污染
组织	蓉沙类	饼皮厚薄均匀，馅料细腻无僵粒，无夹生，椰蓉类馅芯色泽淡黄、油润
	果仁类	饼皮厚薄均匀，果仁大小适中，拌和均匀，无夹生
	水果类	饼皮厚薄均匀，馅芯有该品种应有的色泽，拌和均匀，无夹生
	蔬菜类	饼皮厚薄均匀，馅芯有该品种应有的色泽，无色素斑点，拌和均匀，无夹生
	肉与肉制品类	饼皮厚薄均匀，肉与肉制品大小适中，拌和均匀，无夹生
	水产制品类	饼皮厚薄均匀，水产制品大小适中，拌和均匀，无夹生
	蛋黄类	饼皮厚薄均匀，蛋黄居中，无夹生
	其他类	饼皮厚薄均匀，无夹生
滋味与口感		饼皮松软，具有该品种应有的风味，无异味
杂质		正常视力无可见杂质

② 京式月饼见表 6-14。

表 6-14　京式月饼感官评价要求

项　目	要　　求
形态	外形整齐,花纹清晰,无破裂、露馅、凹缩、塌斜现象,有该品种应有的形态
色泽	表面光润,有该品种应有的色泽且颜色均匀,无杂色
组织	皮馅厚薄均匀,无脱壳,无大空隙,无夹生,有该品种应有的组织
滋味与口感	有该品种应有的风味,无异味
杂质	正常视力无可见杂质

③ 苏式月饼见表 6-15。

表 6-15　苏式月饼感官评价要求

项　目		要　　求
形态		外形圆整,面底平整,略呈扁鼓形;底部收口居中,无僵缩、露酥、塌斜、跑糖、露馅现象,无大片碎皮;品名戳记清晰
色泽		饼面浅黄或浅棕黄,腰部乳黄泛白,饼底棕黄不焦,不沾杂色,无污染现象
组织	蓉沙类	酥层分明,皮馅厚薄均匀,馅软油润,无夹生、僵粒
	果仁类	酥层分明,皮馅厚薄均匀,馅松不韧,果仁粒形分明、分布均匀,无夹生、大空隙
	肉与肉制品类	酥层分明,皮馅厚薄均匀,肉与肉制品分布均匀,无夹生、大空隙
	其他类	酥层分明,皮馅厚薄均匀,无空心,无夹生
滋味与口感		酥皮爽口,具有该品种应有的风味,无异味
杂质		正常视力无可见杂质

二、理化指标

月饼的理化指标符合 GB 19855—2005 要求。

① 广式月饼见表 6-16。

表 6-16　广式月饼理化指标

项　目		蓉沙类	果仁类	果蔬类	肉与肉制品类	水产制品类	蛋黄类	其他类
干燥失重/%	≤	25.0	19.0	25.0	22.0	22.0	23.0	企业自定
蛋白质/%	≥	—	5.5	—	5.5	5.0	—	—
脂肪/%	≤	24.0	28.0	18.0	25.0	24.0	30.0	企业自定
总糖/%	≤	45.0	38.0	46.0	38.0	36.0	42.0	企业自定
馅料含量/%	≥	70						

② 京式月饼见表 6-17。

表 6-17 京式月饼理化指标

项 目		要 求	项 目		要 求
干燥失重/%	≤	17.0	总糖/%	≤	40.0
脂肪/%	≤	20.0	馅料含量/%	≥	35

③ 苏式月饼见表 6-18。

表 6-18 苏式月饼理化指标

项 目		蓉沙类	果仁类	肉与肉制品类	其他类
干燥失重/%	≤	19.0	12.0	30.0	企业自定
蛋白质/%	≥	—	6.0	7.0	—
脂肪/%	≤	24.0	30.0	33.0	企业自定
总糖/%	≤	38.0	27.0	28.0	企业自定
馅料含量/%	≥	60			

三、部分地方风味月饼质量标准

1. 京式月饼

以北京地区制作工艺和风味特色为代表的月饼。

(1) 提浆类 以小麦粉、食用植物油、小苏打、糖浆等制成饼皮，经包馅、磕模成型、焙烤等工艺制成的饼面图案美观，口感艮酥不硬，香味浓郁的月饼。

① 感官评价要求见表 6-19。

表 6-19 提浆类感官评价要求

项 目		要 求
形态		块形整齐，花纹清晰，无破裂、露馅、塌斜现象。不崩顶，不拔腰，不凹底
色泽		表面光润，饼面花纹呈麦黄色，腰部呈乳黄色，饼底部呈金黄色，不青墙，无污染
组织	果仁类	饼皮细密，皮馅厚薄均匀，果料均匀，无大空隙，无夹生，无杂质
	蓉沙类	饼皮细密，皮馅厚薄均匀，皮馅无脱壳现象，无夹生，无杂质
滋味与口感	果仁类	饼皮松酥，有该品种应有的口味，无异味
	蓉沙类	饼皮松酥，有该品种应有的口味，无异味

② 理化指标见表 6-20。

表 6-20 提浆类理化指标

项 目		指 标		项 目		指 标	
		果仁类	蓉沙类			果仁类	蓉沙类
干燥失重/%	≤	14.0	17.0	总糖/%	≤	35.0	36.0
脂肪/%	≤	20.0	18.0	馅料含量/%	≥	35	

(2) 自来白类 以小麦粉、绵白糖、猪油或食用植物油等制成饼皮,用冰糖、桃仁、瓜仁、桂花、青梅或山楂糕、青红丝等制馅,经包馅、成型、打戳、焙烤等工艺制成的皮松酥、馅绵软的月饼。

① 感官评价要求见表 6-21。

表 6-21 自来白类感官评价要求

项 目	要 求
形态	圆形鼓状,块形整齐,不拔腰,不青墙,不露馅
色泽	表面呈乳白色,底呈麦黄色
组织	皮松软,皮馅均匀,不空腔,不偏皮,无杂质
滋味与口感	松软,有该品种应有的口味,无异味

② 理化指标见表 6-22。

表 6-22 自来白类理化指标

项 目		指 标	项 目		指 标
干燥失重/%	≤	12.0	总糖/%	≤	35.0
脂肪/%	≤	20.0	馅料含量/%	≥	35

(3) 自来红类 以精制小麦粉、食用植物油、绵白糖、饴糖、小苏打等制成饼皮,用熟小麦粉、麻油、瓜仁、桃仁、冰糖、桂花、青红丝等制馅,经包馅、成型、打戳、焙烤等工艺制成的皮松酥、馅绵软的月饼。

① 感官评价要求见表 6-23。

表 6-23 自来红类感官评价要求

项 目	要 求
形态	圆形鼓状,面印深棕红磨水戳,不青墙,不露馅,无黑泡,块形整齐
色泽	表面呈深棕色黄色,底呈棕褐色,腰部呈麦黄色
组织	皮酥松不良,馅利口不黏,无大空洞,不偏皮,无杂质
滋味与口感	疏松绵润,有该品种应有的口味,无异味

② 理化指标见表 6-24。

表 6-24 自来红类理化指标

项 目		指 标	项 目		指 标
干燥失重/%	≤	15.0	总糖/%	≤	40.0
脂肪/%	≤	25.0	馅料含量/%	≥	35

(4) 京式大酥皮类（翻毛月饼） 以精制小麦粉、食用植物油等制成松酥绵软

的酥皮,经包馅、成型、打戳、焙烤等工艺制成的皮层次分明,松酥,馅利口不黏的月饼。

① 感官评价要求见表6-25。

表6-25 京式大酥皮类(翻毛月饼)感官评价要求

项目		要求
形态		外形圆整,饼面微凸,底部收口居中,不跑糖,不露馅
色泽		表面呈乳白色,饼底部呈金黄色;不沾染杂色;品名铃记清晰
组织	果仁类	酥皮层次分明,包芯厚薄均匀,不偏皮,无夹生,无杂质
	蓉沙类	酥皮层次分明,包芯厚薄均匀,皮馅无脱壳现象,无夹生,无杂质
滋味与口感	果仁类	酥松绵软,有该品种应有的口味,无异味
	蓉沙类	酥松绵软,馅细腻油润,有该品种应有的口味,无异味

② 理化指标见表6-26。

表6-26 京式大酥皮类(翻毛月饼)理化指标

项目		指标		项目		指标	
		果仁类	蓉沙类			果仁类	蓉沙类
干燥失重/%	≤	130	17.0	总糖/%	≤	36.0	38.0
脂肪/%	≤	20.0	19.0	馅料含量/%	≥	45	

2. 滇式月饼

以云南地区制作工艺和风味特色为代表的一类月饼。

(1)云腿月饼 以面粉、火腿、白糖、食用油脂为主要原料,并配以辅料,经和面、制馅、包馅成型、烘烤等工艺而制成的皮酥脆而软、馅甜咸爽口火腿味浓的月饼。

(2)串饼类月饼 以面粉、鸡蛋、白糖、食用油脂为主要原料,并配以辅料,按一定工艺制作而成的月饼。

① 滇式月饼感官评价要求。

a. 云腿月饼应符合表6-27的规定。

表6-27 云腿月饼感官评价要求

项目	要求	项目	要求
形态	凸圆形	组织	皮馅分明,不露馅,无杂质
色泽	金黄色,不焦煳	滋味与口感	火腿香味浓郁,无异味

b. 串饼类月饼应符合表6-28的规定。

表 6-28　串饼类月饼感官评价要求

项目	要求	项目	要求
形态	扁圆	组织	表面有自然裂纹
色泽	浅黄或荞面黄,不焦煳	滋味与口感	甜、酥,有各品种应有的口味,无异味

② 滇式月饼理化指标。

a. 云腿月饼应符合表6-29的规定。

表 6-29　云腿月饼理化指标

项目	指标	项目	指标
干燥失重/%	12～16	脂肪/%	18～28
总糖(以蔗糖计)/%	18～28	馅料含量/% ≥	50

b. 串饼类月饼理化指标应符合表6-30的规定。

表 6-30　串饼类月饼理化指标

项目	指标	项目	指标
干燥失重/%	6～10	脂肪/%	18～26
总糖(以蔗糖计)/%	18～28	馅料含量/% ≥	50

3. 潮式月饼

以小麦粉、饴糖、油、水等制皮,小麦粉、油制酥,经制酥皮、包馅、成型、烘烤等工艺加工而成的口感酥脆的月饼,原产于广东潮汕地区。

① 潮式月饼感官评价要求见表6-31。

表 6-31　潮式月饼感官评价要求

项目		要求
形态		外形圆整扁平,无露酥、僵缩、跑糖、露馅现象,收口紧密
色泽		饼面黄色,呈油润感,腰部黄中泛白,饼底棕黄、不焦,不沾染杂色
组织	水晶类	微见酥层,饼馅均匀,馅料软而略韧,果料大小适中,无夹生,无杂质
	蓉沙类	微见酥层,饼馅均匀,馅料油亮、细腻,无夹生,无杂质
口味		饼皮酥脆,不粘牙,具有该品种应有的风味,无异味

② 潮式月饼理化指标应符合表6-32的规定。

表 6-32　潮式月饼理化指标

项目	指标		项目	指标	
	水晶类	蓉沙类		水晶类	蓉沙类
干燥失重/%	12.0～18.0	13.0～23.0	脂肪/%	22.0～32.0	30.0～40.0
总糖/%	16.0～26.0	20.0～28.0	馅料含量/% ≥	50	50

4. 晋式月饼（西法月饼）

以山西地区制作工艺和风味特色为代表的一类月饼。

① 晋式月饼感官评价要求见表 6-33。

表 6-33　晋式月饼感官评价要求

项　　目		要　　求
形态		外形饱满,大小一致,无明显凹缩、塌斜和爆裂,无露馅现象
色泽		色泽均匀,腰、底部为棕红,表面为棕黄而不焦,不沾杂色
组织	果仁类	饼皮厚薄均匀,皮馅无脱壳现象,果料大小适中,拌和均匀,无夹生现象,无杂质
	椰蓉类	饼皮厚薄均匀,皮馅无脱壳现象,拌和均匀,无夹生现象,无杂质
	蓉沙类	饼皮厚薄均匀,皮馅无脱壳现象,馅料细腻无僵粒,无夹生现象,无杂质
	水果类	饼皮厚薄均匀,皮馅无脱壳现象,馅料中有大小适中的水果块,无夹生现象,无杂质
	果酱类	饼皮厚薄均匀,皮馅无脱壳现象,馅料色泽一致,无夹生现象,无杂质
	椒盐馅类	饼皮厚薄均匀,皮馅无脱壳现象,无夹生现象,无杂质
	杂粮类	饼皮厚薄均匀,皮馅无脱壳现象,无夹生现象,无杂质
口味		饼皮松软,具有蛋香味和该品种应有的风味,无异味

② 晋式月饼理化指标应符合表 6-34 的规定。

表 6-34　晋式月饼理化指标

项　　目	指　　标						
	果仁类	椰蓉类	蓉沙类	水果类	果酱类	椒盐馅类	杂粮类
干燥失重/%	12～18	10～16	12～18	13～19	12～18	11～17	11～17
脂肪/%	13～20	18～26	12～18	8～16	8～16	16～24	12～18
总糖/%	22～32	29～39	26～36	30～40	25～35	20～30	22～32
馅料含量/% ≥	50						

5. 台式桃山皮月饼

以白豆、糖、奶油、果料、蛋制品等为原料,经蒸豆、制皮、包馅、成型、烘烤等工艺而制成的月饼。原产于台湾地区。

① 台式桃山皮月饼感官评价要求见表 6-35。

表 6-35　台式桃山皮月饼感官评价要求

项　　目	要　　求
形态	外形饱满,轮廓分明,花纹清晰,没有明显凹缩和爆裂、塌斜、露馅现象
色泽	饼面金黄或棕黄,腰部呈浅黄色,底部棕黄不焦,不沾染杂色
组织	饼皮厚薄均匀,皮馅无脱壳现象,馅芯细腻无僵粒,无夹生现象,无杂质
滋味与口感	饼皮松软,具有该品种应有风味,无异味

② 台式桃山皮月饼理化指标应符合表 6-36 的规定。

表 6-36　台式桃山月饼理化指标

项　目	指　标	项　目	指　标
干燥失重/%	10～23	总糖/%	35～45
脂肪/%	12～21	馅料含量/% ≥	45

6. 冰皮月饼

以熟粉、糖、油等为原料，经制皮、包馅、成型等工艺而制成的月饼。原产于广东地区。

① 冰皮月饼感官评价要求见表 6-37。

表 6-37　冰皮月饼感官评价要求

项　目	要　求
形态	外形饱满,轮廓分明,花纹清晰,没有明显凹缩和塌斜、露馅现象
色泽	具有该品种应有色泽,不沾染杂色
组织	饼皮厚薄均匀,皮馅无脱壳现象,馅芯细腻无僵粒,无夹生现象,无杂质
滋味与口感	饼皮松软,具有该品种应有风味,无异味

② 冰皮月饼理化指标应符合表 6-38 的规定。

表 6-38　冰皮月饼理化指标

项　目	指　标	项　目	指　标
干燥失重/% ≤	35	脂肪/%	12～22
总糖(以蔗糖计)/% ≤	45	馅料含量/% ≥	60

复　习　题

1. 试述月饼的特点及分类。
2. 简述广式月饼生产技术。
3. 简述苏式月饼生产技术。
4. 简述京式月饼的分类及生产技术。
5. 简述潮式月饼的生产技术。
6. 简述冰皮月饼、巧克力月饼的生产技术。

第七章 其他糕点生产工艺

第一节 酥类糕点加工技术

酥类糕点是中式糕点中的传统制品，历史悠久。这类糕点生产工艺简单，便于机械化生产。其特点是使用较少的油脂，较多的糖（包括砂糖、绵白糖或饴糖），辅以蛋品、乳品等并加入化学膨松剂，调制成具有一定韧性、良好可塑性的面团，经成型、烘烤而制成的膨松的制品。

一、面团调制原理

酥类面团使用较多的油脂和糖，调制成酥性面团，要使产品达到起酥的目的，在调制面团时必须限制面筋的形成。

（一）调制方法

首先，将油、水、糖、蛋放入调粉机充分搅拌，形成均匀的乳浊液后，加入膨松剂、桂花等辅料搅拌均匀。再加入面粉拌匀即可。因油脂的表面张力很大，在面粉颗粒表面形成一层油脂薄膜；同时水、糖、蛋形成具有一定浓度的乳浊液后，产生较大的渗透压。油膜和渗透压都对面筋蛋白质产生"反水化"作用，阻止水分子向蛋白质胶粒内部渗透，大大降低了蛋白质的水化和胀润能力，使蛋白质之间的结合力下降，面筋不能充分形成，面团韧性降低，可塑性增强。酥性面团的特点：具有良好的可塑性，缺乏弹性和韧性，属于重油类面团。产品特点是非常酥松。

（二）操作要点

1. 混料

必须将油、糖、水、鸡蛋充分乳化，乳化不均匀加入面粉会使面团发散，出现浸油、出筋等现象。

2. 调粉

加入面粉后，搅拌时间要短，速度要快，防止面团形成面筋，面团呈团聚即可。如果制作酥类或奶油混酥类糕点时，面粉最好一次加入，拌匀即可；制作浆皮包馅和混糖包馅类糕点时，因糖浆浓度大，对面粉蛋白质有反水化作用，故面粉可在搅拌过程中分次加入。不管怎样加入面粉，都要尽可能少搓揉面团，防止面筋形成出现筋力。面团温度不宜过高，特别要控制水温。温度过高，加快面粉水化，容易出筋，还易使面团走油。一般控制在18～26℃之间较为适宜。

3. 制酥性面团

调制酥性面团要严禁后加水，否则极易上筋，面团黏度增大，搅拌时间长，韧性增强，可塑性下降。酥性面团不需静置，特别是在夏季，面团调好后应立即成型，并做到随调随用。如果室温高、放置时间长，则面团会出现走油、上筋等现象，使产品失去酥性特点，质量下降。

二、生产实例

酥类糕点中油、糖用量特别大，一般面粉、油和糖的比例为1∶(0.3～0.6)∶(0.3～0.5)，加水较少，由于配料含有大量油、糖，限制了面粉吸水，控制了大块面筋生成，面团弹性极小，可塑性较好，产品结构特别松酥，许多产品表面有裂纹，一般不包馅。典型制品是各种桃酥。

1. 配方

配方见表7-1。

表 7-1 酥类糕点基本配方   （单位：kg）

配方 产品	面粉	猪油	花生油	白糖	鸡蛋	碎核桃仁	碳酸氢铵	小苏打	其 他
京式核桃酥	100	50		48	9.4	10.4	适量		桂花5.2
京式核仁酥	100	22	22	44	7.4	3.7	1.2	0.8	
广式德庆酥	100	33	10	90	13		0.4	1.6	烘熟花生10,烘熟芝麻5
通心酥	100	45		70	10		0.5	1	胡椒粉0.2,盐1,芝麻10

2. 工艺流程

蛋、油、糖、小苏打、水等→辅料预混合
　　　　　　　　　　　　　↓
面粉→过筛→甜酥面团调制→分块→成型→焙烤→冷却→包装→成品

3. 制作方法

（1）辅料预混合　为了限制面筋蛋白质吸水胀润，应先把水、糖和鸡蛋投入和面机内搅拌均匀，再加油脂继续搅拌，使其乳化均匀，然后加入膨松剂、桂花、籽仁等继续搅拌均匀。

（2）甜酥面团调制　辅料预混合好后，加入过筛的面粉，拌匀即可。面团要求具有松散性和良好的可塑性，面团不韧缩。因而要求使用薄力粉，有的品种还要求面粉颗粒粗一些，因为粗颗粒吸水慢，能加强酥性程度，调制时以慢速调制为好，混匀即可。要控制搅拌温度和时间，防止大块面筋的生成。

（3）分块　将调制好的面团分成小块，搓成长圆条，以备成型。

（4）成型　酥类糕点有印模成型和挤压成型。目前，大多数小工厂仍采用手工成型方法，较大的工厂已采用桃酥机等设备成型。手工印模成型时，将成块后的面团按入模具内，用手按严削平，然后磕出。有些酥类糕点，成型后需要装饰，如在成型后的核桃酥表面放上核桃仁或瓜子仁。桃仁酥原料中的桃仁和瓜子仁，先摆放在空印模中心，成型后黏附在其表面。

（5）焙烤　酥类糕点品种多，辅料使用范围广，成型后大小不同，厚薄不一，因而焙烤条件很难统一规定。对于不要求摊裂的品种，一般第一、三阶段上下火都大，第二阶段火小，因为第一阶段是为了定型，防止油摊，第二阶段是使生坯膨发，温度低些，第三阶段为成熟，并加强呈色反应；对于需要摊裂的品种，在焙烤初始阶段，入炉温稍低一些，有利于膨松剂受热分解，使生坯逐渐膨胀起来并向四周水平松摊。同时在加热条件下糖、油具有流动性，气体受热膨胀、拉断和冲破表层，形成自然裂纹。一般入炉温度为160～170℃，出炉温度升至200～220℃，大约焙烤10min即可。

（6）冷却与包装　刚出炉的糕点温度很高，必须进行冷却，如果不冷却立即进行包装，糕点中的水分就散发不出来，影响其酥松程度，成品温度冷却到室温为好。

第二节　松酥类糕点加工技术

松酥类糕点是使用较少的油脂、较多的糖浆或糖调制成糖浆面团，经成型、烘烤而制成的口感松脆的制品。制作方法比较简单，制品具有酥脆、绵软等特点。

一、面团调制原理

松酥类糕点用较少的油和糖，主要辅以蛋品、化学膨松剂使产品酥脆。

二、生产实例

松酥类糕点又称混糖类糕点，有的品质酥脆，有的品质绵软，这类糕点中油脂和糖的含量较少，多添加饴糖，选加蛋品、奶品等辅料，不需包馅，制作方法比较简单。典型品种有：面包酥、橘子酥、冰花酥、双麻等。

1. 配方

配方见表 7-2。

表 7-2 松酥类糕点配方　　　　　　　　　　（单位：kg）

产品＼配方	面粉	白糖	饴糖	猪油	鸡蛋	花生油	芝麻	碳酸氢铵	桂花	其他
面包酥	100	35	16	8	6.3		1.6	1.6	1.6	
橘子酥	100	34	15		6	15			1.5	
冰花酥	100	29	12		11	18		0.5	0.9	山楂糕 27
双麻	100	34.5	17	21			26	0.8	2.6	水 10

2. 工艺流程

配料→面团调制→成型→焙烤→冷却→成品

3. 制作方法

（1）面团调制　先将糖、水、饴糖和碳酸氢铵放入和面机中搅拌均匀，再加入油脂、桂花等继续搅拌均匀，最后加入面粉调至软硬合适为止。

（2）成型

① 面包酥。将面团搓成长条形，并在表面撒少许芝麻，分成 20g 左右的面块，再将其搓成枣核形生坯，并将其纵向用铁片压一条口，深度约为生坯高度的 1/3。成型后在生坯表面刷蛋黄液。

② 橘子酥。同面包酥成型，只是形状呈扁圆形，每个约为 50g。

③ 冰花酥。将面团分成小块，拼成长方形薄片，厚约 8mm，制成椭圆形和桃形生坯，然后在生坯表面黏附白砂糖。

④ 双麻。将面团擀成 5mm 厚的薄片，切成半圆形生坯，两面刷水，黏附芝麻仁，便成"双麻"。

（3）焙烤　炉温需 200℃左右，焙烤 10min 左右即可。

第三节　松脆类糕点加工技术

松脆类糕点：使用较少的油脂、较多的糖浆或糖调制成糖浆面团，经成型、烘烤而制成的口感松脆的制品，成品薄而酥脆。

一、面团调制原理

面团调制同酥类糕点所述。工艺流程如下：

糖、膨松剂、油、水→搅拌→调粉→擀皮→分块→压片→撒芝麻→摆盘→烘烤→冷却→包装→成品

二、生产实例

(一) 椒盐薄脆饼

1. 配方

面粉 500g,猪板油 125g,白糖粉 300g,小苏打 5g,鸡蛋 100g,芝麻 250g,饴糖 50g,胡椒粉 1g,水 60g,食盐 2g。

2. 制作方法

(1) 面团调制　将面粉与食盐、胡椒粉一起过筛后加入 150g 芝麻拌匀待用。将猪油溶化和白糖粉、饴糖、鸡蛋以及小苏打溶液和水一起倒入调粉机内充分搅拌,之后加入面粉搅拌均匀(水最好分次加入,便于调整面团的软硬度)。把调好的面团适当揉搓,使其表面光滑,形成良好的可塑性。

(2) 擀片　在案板上撒一层干面粉,将面团放在上面用擀杖压扁,再撒一层干面粉,用擀杖擀成薄片,每擀一次都要在面团的两面撒干面粉,防止在擀压时面团粘连。要求面片的厚度为 0.4cm,不能出现断裂。

(3) 切片成型　用直径为 6cm 的金属模在面片上印压,切成一块块的圆形薄片。

(4) 撒芝麻、装盘　先用喷壶在饼坯上少喷些水,放在平盘上,将剩余的芝麻均匀地撒在饼坯表面。要求芝麻密而均匀,不易脱落。

(5) 烘烤　将撒好芝麻的饼坯整齐地放在烤盘上,送入烤炉烘烤。炉温要求上火为 160℃,下火为 140℃,烤至表面呈深黄色即可。

(二) 金钱饼

1. 配方

面粉 500g,白糖 250g,植物油 100g,水 150g,小苏打、碳酸氢铵各 5g,芝麻 150g。

2. 制作方法

(1) 面团调制　将白糖、小苏打、碳酸氢铵粉、油、水等加入调粉机内充分搅拌,使之乳化后,再把面粉加入拌匀成团即可。

(2) 擀片成型　将面团擀压成 1cm 厚的大片,用直径为 2cm 的模子扣成小圆片,在表面刷上水或蛋液,撒上芝麻,摆在烤盘上。

(3) 烘烤　将撒好芝麻的饼坯送入烤炉烘烤,用小火烘烤,炉温约为 140～160℃,烤成金黄色即可。

(三) 芝麻松酥饼

1. 配方

面粉 500g,绵白糖 175g,猪油 175g,鸡蛋 4 个,泡打粉 15g,麻仁 200g。

2. 制作方法

(1) 面团调制　将面粉和泡打粉和匀过筛，放在面案上中间开窝，加入糖、油、蛋（留半个刷坯用），充分搅匀乳化，待白糖全部溶化后，再与面粉拌匀，轻轻折叠2～3次即成松酥面团。

(2) 擀片成型　把松酥面团擀成0.2cm厚的片，用花边圆戳戳成圆形（约100个），逐个刷上蛋液，粘上麻仁。

(3) 烘烤　将粘上芝麻的饼坯摆入烤盘，用中火烤至呈金黄色即可。

第四节　酥皮类糕点加工技术

酥皮类糕点是用水油面团包入油酥面团调制而成的。水油面团具有一定的筋性和良好延伸性，使油酥面团具有良好的造型和包捏性能，与干油酥相互间隔，起分层和起酥的作用。它能将干油酥油层包围，使之成熟时不致破碎，并且制品产生膨松体大的效果。

一、面团调制原理

(一) 水油面团调制

1. 调制方法

首先将油、水、糖、蛋等材料加入调粉机搅拌使之充分乳化成乳浊液，再加入面粉搅拌均匀，使之形成面团，取出面团在适宜环境条件下稍醒20min左右再反复揉搓至光滑不粘手就可以了。

水油面团是用适量的水、油脂和面粉混合调制而成的面团。因油水的存在，经搅拌面粉首先吸水形成面筋，使面团具有一定的筋性和良好的延伸性。由于油的隔离作用，而限制了面筋的筋性，使面团润滑、柔软。

2. 调制要点

(1) 面团的用油量　用油量的确定是根据面粉的面筋含量来确定的。面筋含量高的面粉应多用油，反之要少用油。一般用油的量占面粉的15%～20%。若面筋含量低，用油量高，因油脂的反水化作用，会减弱或破坏面筋的形成，使面团不能产生良好的韧性和延伸性，并且因油脂在面筋表面过多的覆盖，会影响制品色泽的形成。

(2) 加水量和加水方法　水油面团的加水量约占面粉重量的40%～50%。加水过多，面团中游离水增多，面粉不能完全吸收，面团黏、软不易成型；加水过少，蛋白质吸水不足，使面粉缺乏胀润度，面团韧性、延伸性差。

水油面团在调制时应采用分次加水的方法。分次加水经搅拌，面粉中蛋白质能充分吸水胀润，形成有组织、有弹性的面筋网络。另外，淀粉也能最大限度地吸水,填充在面筋网络中,形成良好的延伸性水油面团。

(3) 加水的温度　水温过高,淀粉糊化,面团黏度增加,不易操作;水温过低,影响面筋的胀润度,面团发硬,延伸性降低,影响成型。因此,水的温度应根据季节和气候变化来确定。冬季可保持在 30～40℃,夏季水温为 18～20℃,春秋季节为 26～28℃。

(二) 油酥面团的调制

将油倒入调粉机内,再加入面粉,搅拌几分钟,停机将面团取出。然后将面团分块用手进行擦酥,要擦匀擦透,擦酥时间要长些。

油酥面团,用油量为面粉重量的 50% 左右,若用植物油,用量应稍低一些。油与面粉混合后,由于面粉不能吸水,故面筋骨不能形成,而是借助于油对面粉颗粒的吸附而形成团块,面团无弹性,具有良好的可塑性,酥松柔软。

调制油酥面团严禁用热油擦酥,防止蛋白质受热变性和淀粉糊化,造成油酥过分松散。更不能加水,因加水后面粉发生水化而形成面筋,不但不能使油酥面团酥松柔软,相反,由于硬化而造成严重收缩。在制酥皮包酥时,容易与水油面皮连接在一起,无法形成层次,成品表面坚硬。使用固态油脂时擦酥时间要长些,植物油擦匀,时间不宜过长,过长则面团发硬。

(三) 酥皮制作

包酥分大包酥和小包酥两种。

1. 大包酥

将油酥面包入水油面团中,用擀棍压成 7mm 厚薄的面皮,卷成圆形长条,按规格大小分摘成小块(一般每小块约为 50～60g,但要视具体品种而定)。然后将其按压成圆形薄片就可以进行下步操作。大包酥具有操作方便、效率高等特点,适合于大批量生产。但饼皮层次少且较厚,酥皮不够均匀,饼皮较易破裂。

2. 小包酥

分别把水油面团和油酥面团按一定比例分摘成小块,一般水油面团占 60%,油酥占 40%,有些品种则各占 50%,其比例视不同品种而定。分摘后逐一搓圆,再把水油面团擀开,包入油酥,严密封口,用擀棍擀开成四方形,将两头向中间折叠成三层,擀开,再折叠,如此反复三次,最后擀成圆形薄片即可。小包酥具有饼皮酥油层层次多而均匀,饼皮光滑,不易破裂等特点。但操作复杂,较费工时。

二、生产实例

酥皮糕点通常进行包馅,种类很多,如京八件、苏式月饼、福建月饼、高桥松饼、宁绍式月饼等。这些产品的外皮呈多层次的酥性结构(是由水油面团包油酥面团经折叠压片后产生的清晰的层次),内包各式馅料,馅料是以各种果料配制而成的，并多以糖制或蜜制、炒馅为主，如枣泥、山楂、豆沙、百果等。

1. 配方

配方见表7-3。

表 7-3 酥皮包馅糕点配方   （单位：kg）

配方 产品	皮 料						酥 料		皮馅比例
	面粉	猪油	花生油	糖粉	饴糖	水	面粉	熟猪油	
京八件	100		19	10		34	100	50	5.5∶4.5
高桥松饼	100	35			25		100	48	5.5∶4.5

2. 工艺流程

酥料原料处理→油酥调制   制馅←馅料原料处理

皮料原料处理→皮料面团调制→皮酥包制→包馅→成型→装饰→焙烤→冷却→包装→成品

3. 制作方法

（1）水油面团和油酥调制　见面团调制原理。

（2）皮酥包制　见面团调制原理。皮酥包制后应及时包馅，不宜久放，否则易混酥。

（3）制馅　按照各馅料要求进行制馅。

（4）包馅　皮坯制好后即可包馅，皮馅比例大多为6∶4、5.5∶4.5、5∶5、4∶6等，少数品种有7∶3或3.5∶6.5的。将已分割好的皮坯压扁，要求中心部位稍厚，四周稍薄，包入馅料，收口要缓慢，以免破皮，一般在收口处贴一张小方毛边纸，以防焙烤时油、精外溢。有的品种则在底部收口处留微孔，以便气体散发。

（5）成型　包馅后的饼坯一般都呈扁鼓形，如果要求制品表面起拱形，饼坯不需压得太平。大多数制品是圆形，个别品种也有呈椭圆形的。京八件则主要用各种形状的印模成型。

（6）装饰　饼坯成型后，有些需要进行表面装饰，如在饼坯表面粘芝麻、涂蛋液、盖红印章等。盖印时动作要轻。有些品种还需要在表面切几条口子。

（7）焙烤　焙烤的条件随品种、形状而不同。饼坯厚者采用低炉温、长时间焙烤，饼坯薄者采用高炉温、短时间焙烤。一般制品入炉温度为230℃，3～4min后升至250℃，外皮硬结后降至220℃，约烘10min左右出炉。薄型品种烘烤约6～9min。厚型或白皮品种炉温掌握在180℃左右，不宜高温烘烤，否则制品表面易着色。时间可延长至10～15min。

第五节　酥层类糕点加工技术

酥层类糕点是用水油面团包油酥面团制成酥皮，经包馅、成型、烘烤而制成的饼皮分层次的制品。花样新颖，制作精细，品种繁多。

一、面团调制原理

（一）水油面团的调制

水油面团的调制同酥皮糕点所述。

（二）油酥面团的调制

油酥面团的调制同酥皮糕点所述。

二、生产实例

酥层制品不包馅，其加工方法与酥皮馅制品的饼坯制法相似。但皮料可使用甜酥性面团、水油面团、发酵面团等多种类型，其酥性程度要比酥皮包馅类强一些。另外，其油酥配料也稍有不同，可在酥料中添加精盐等调味料，使制品酥松可口。这类制品有：宁式苔菜千层酥、扬式香脆饼、山东罗汉饼以及小蝴蝶酥、葱油方酥（皮料为发酵面团）等。

1. 配方

配方见表 7-4。

表 7-4　酥层糕点配方　　　　　　　　　　　　　　（单位：kg）

配方 产品	皮料						酥料					
	面粉	香油	猪油	白糖	小苏打	水	面粉	香油	猪油	白糖	盐	苔菜粉
苔菜千层酥	10	3.5		3.15	0.15	3	5	2.8		1.74		0.3
罗汉饼	30		13	2		5	30		15	10	1	

2. 工艺流程

皮原料处理→皮面团调制→皮酥包制→成型→焙烤→冷却→包装→成品
　　　　　　　　　　　　　　↑
　　　　　油酥原料处理→油酥调制

3. 制作方法

（1）皮面团调制　一般要求调制出的面团有较好的延展性，能轧成薄片。苔菜千层酥所用的皮面团要求调制成甜酥性面团，罗汉饼所用的皮面团要求调制成水油面团，这两种面团的调制方法见面团的调制原理。

（2）皮酥包制与成型　皮酥包制就是把油酥夹入皮层内，可以采用大包酥或小包酥的办法制成，然后折叠成型，根据制品要求，苔菜千层酥要求达 27 层，罗汉饼只要求 18 层。饼坯成型后，苔菜千层酥需要在饼坯表面撒上装饰料，装饰料组成为：芝麻 100g，苔菜粉 62.5g，白糖粉 100g。

（3）焙烤与冷却　焙烤原则上同酥类糕点，一般要求炉温为 200℃，焙烤后必须经过冷却后再进行包装。

4. 发面酥层糕点

发面酥层糕点是用发酵面团作为皮料，压成薄皮，夹上油酥，经折叠、成型、焙烤等工序而制成的产品，典型产品有葱油方酥和小蝴蝶酥等。

（1）葱油方酥制法　将发酵面团拼成长方形，夹上油酥包紧，再轧成长方形，折成4层，连续2次，再轧成长方形，最后制成厚薄均匀的小方块，即可入炉焙烤，温度为240℃。

（2）小蝴蝶酥制法　将包酥后的发酵面皮轧成长方形，撒上一层白砂糖，将两边同时向里折成6层，最后并在一起，用木棍压紧，切成50g薄坯、厚约0.5cm，将生坯下端掰开，使其呈蝴蝶形，入炉烘烤温度为220℃，烘至淡黄色即可出炉。

第六节　松酥皮类糕点加工技术

松酥皮类糕点是用松酥面团制皮，经包馅、成型、烘烤而制成的口感松酥的制品。

一、面团调制原理

松酥皮类糕点的面团调制同松酥面团调制所述。

二、生产实例

松酥皮类糕点又称混糖皮类糕点或硬皮类糕点，它以多量的油、糖、蛋与面粉而制成单层饼皮，油、糖、蛋三者之总量接近于面粉的用量，再辅以适量的化学膨松剂，因而外皮酥性较强，含水量较少。典型产品有苏州桃饼、重庆赖桃酥、京式状元饼等。

1. 配方

配方见表7-5。

表 7-5　松酥皮类糕点配方　　　　　　　　（单位：kg）

配方\产品	皮料								皮馅比例
	面粉	糖粉	猪油	花生油	香油	鸡蛋	小苏打	水	
牛肉麻饼	100	33			24	10	0.2	适量	5.5∶4.5
京式状元饼	100	28.5	21			8	0.12	适量	5.5∶4.5
苏州麻饼	100	25		17		12.5	3	37.5	4∶6
重庆赖桃酥	100	40			40		0.8	28	5∶5

2. 工艺流程

```
水、油、蛋、糖→辅料预混    制馅
                ↓         ↓
面粉→面团调制→包馅→成型→焙烤→冷却→包装→成品
```

3. 制作方法

（1）**面团调制**　调制方法基本上同酥类面团，油脂、糖、蛋和水必须先充分混合至乳化状态，再加入面粉搅拌。搅拌时间不宜过长，均匀即可，以免生成多量面筋，影响酥性程度。重庆赖桃酥的面团调制方法比较特殊，先将油分成两份，一份与面粉、糖、小苏打混合均匀，另一份加热至150℃，加入继续拌匀，然后再加入开水调成面团，这样面粉中的部分蛋白质变性，面团不会起筋，增强酥性程度。

（2）**包馅**　松酥皮类糕点皮稍厚些，除苏州麻饼外，馅料都不超过皮料，按皮馅的比例包制。

（3）**成型**　将包馅后的生坯用各种印模成型。成型之后进行一些表面装饰，如表面刷蛋液、黏附芝麻等。

（4）**焙烤**　入炉温度为150～180℃，出炉温度为200～220℃，焙烤7～12min。

第七节　水油皮类糕点加工技术

一、面团调制原理

水油皮类糕点是用水油面团制皮，然后包馅，经烘烤而制成的皮薄馅饱的制品。面团调制见酥皮类水油面团制作。

二、生产实例

水油面团不仅可以用来制造酥皮包馅制品的皮料，也可以单独用来包馅制作水油酥性皮类糕点，这类糕点含油量高，含糖量低，成品外感较硬（也称硬皮类糕点），口感酥松，不易破碎，有不少品种属于南北各地的特色产品，例如福建礼饼、奶皮饼、酒皮饼等。

1. 配方

配方见表7-6。

表7-6　水油酥性皮类糕点配方　　　　　　　　　　（单位：kg）

配方 产品	皮料						皮馅比例
	面粉	猪油	饴糖	水	小苏打	其他	
福建礼饼	100	25	20	45			3∶7
奶皮饼	100	45		10		牛奶15	6∶4
酒皮饼	100	50		10	0.25	黄酒12.5	

2. 工艺流程

水、糖、油→预混合　　　馅料
　　　　　　　　↓　　　↓
面粉→水油面团调制→包馅→成型→焙烤→冷却→包装

3. 制作方法

（1）水油面团调制　按水油面团的调制方法调制，面粉与油、水等预混液拌匀后，继续搅拌，使面团充分起筋。要求面团有一定的韧性和较好的延展性。

（2）包馅　皮、馅按配方中的比例包制。

（3）成型　一般用手工成型，把包馅后的生坯稍按成扁圆形，成型后需要进行表面装饰，如福建礼饼要粘芝麻等。

（4）焙烤　福建礼饼的焙烤温度为160~190℃，烤成表面呈淡黄色即可。奶皮饼、酒皮饼以210℃左右的炉温焙烤。

第八节　发酵类糕点加工技术

该类糕点是采用发酵面团，经成型或包馅、烘烤而制成的口感柔软或松脆的制品。

一、面团调制原理

面团利用酵母菌在其生命活动过程中所产生的二氧化碳气体和其他成分，使面团膨松而富有弹性。另外，因配方中油脂遇热而流散，面团中结合的空气、水蒸气膨胀，使制品内部形成多孔结构，并使制品产生特殊的色、香、味。工艺流程如下：

酵母、水、面粉、白糖→调粉与发酵→下剂
　　　　　　　　　　　　　　　　　　↓
猪油、面粉→擦酥（干油酥）→搓条→下剂→擀片→包酥→上馅→成型→烘烤→冷却

二、生产实例

（一）盘香烧饼

1. 配方

面粉500g，酵母4g，猪油100g，白糖5g，水125g，豆沙馅300g，苏打粉1g。

2. 制作方法

（1）调粉及发酵　将酵母用温水化开，加白糖及300g面粉和成面团，送入发酵室发酵。

(2) 制干油酥　将100g猪油与剩余的面粉擦成干油酥待用。

(3) 下剂、包酥　将发酵好的面团取出与干油酥分别搓成长条，各下20个剂。用发酵面剂按扁包住干油酥剂，擀成长片折叠成三层，再擀成薄长片。

(4) 包馅、成型　把馅料搓成长条放在面片上，用面片包卷起来，搓成直径约为1cm的细条，盘成香肠状，在表面刷上糖水，装盘。

(5) 烘烤　温度为200~220℃，底火要略微高于面火，时间大约为20min。

(二) 猪肉火烧

1. 配方

面粉500g，热水250g，酵面375g，猪肉300g，大葱200g，酱油、味精、精盐、香油、碱适量。

2. 制作方法

(1) 制馅　猪肉剁成茸，大葱切成末，加入酱油、盐、味精、香油等，搅拌成馅。

(2) 调粉及下剂　面粉用80℃的热水和好，晾凉；酵面对碱揉匀，与凉透的烫面团揉在一起揉匀，搓成长条，揪成20个剂子，擀成圆皮备用。

(3) 成型及烘烤　将皮子抹上肉馅，包紧口呈馒头状，按成圆饼，摆入烤盘内，进炉烤至饼鼓起，呈金黄色即可。

(三) 油酥烧饼

1. 配方

面粉500g，热水200g，酵面375g，花生油150g，精盐、碱适量。

2. 制作方法

(1) 调粉　将400g面粉用80℃的热水和好，晾凉；酵面对碱揉匀，与凉透的烫面团揉在一起揉匀。

(2) 炸酥　锅内加花生油烧热，倒入100g面粉搅拌，炸至呈金黄色盛出备用。

(3) 成型及烘烤　将面团擀成长方形薄片，抹上炸酥，卷起，揪成每个为50g的剂子，按扁后轻轻擀一下，摆入烤盘内，入炉烤至呈浅黄色熟透即可。

(四) 豆沙火烧

1. 配方

面粉500g，豆沙馅300g，白糖100g，猪油125g，开水150g，酵面300g，碱少许。

2. 制作方法

(1) 调粉　用200g面粉加白糖、猪油擦成糖油酥；300g面粉用开水烫好，晾凉，凉透后与酵面对好碱拼在一起揉透，静置片刻。

(2) 下剂包馅　将醒好的面团和糖油酥各揪成28个剂子，把酵面剂子按扁包住糖油酥，再按扁后包入豆沙馅，擀成厚薄适当的椭圆形饼坯。

(3) 装盘烘烤　将饼坯摆入烤盘内,进烤炉烤至饼鼓起,呈浅黄色即熟。

第九节　派类加工技术

派是由酥松和松脆的皮及适宜的馅料,经焙烤或油炸而制成的一种甜点。根据所用的派馅和生产工艺的不同可分为三类:单层派、双层派和油炸派,见表7-7。

表7-7　派的分类

产品 项目	分　类	特　征
单层派(由一层派皮上面盛装各种馅料而制成的)	生皮生馅派	以鸡蛋为凝冻原料,并加入根茎类植物,如牛奶鸡蛋布丁派、南瓜派、胡萝卜派等
	熟皮熟馅派	奶油布丁派:以玉米淀粉为凝冻原料,加入较甜较软的水果,如巧克力布丁派、柠檬布丁派、香蕉派等;戚风派:布丁戚风派是以玉米淀粉作为凝冻原料;冷冻戚风派以明胶作为凝冻原料
双层派(用两片派皮将煮后的馅包在中间,然后进炉焙烤)	水果派	使用较酸较硬的水果制馅,如苹果派、樱桃派、菠萝派
	肉派	使用牛肉、鸡肉制馅
油炸派	油炸苹果派、樱桃派等	

调制派皮所用原料的配比为:中力粉100%、油脂40%～80%(中力粉为65%、薄力粉为40%～50%、强力粉为70%～80%)、盐2%～3%、细砂糖0～3%、冰水25%～30%(强力粉为30%)。此外,还用2%～6%的蛋及牛奶作为双层派的表面装饰,增强表面光泽及颜色。

1. 配方(以苹果派为例)

(1) 派皮　见表7-8。

表7-8　派皮配方　　　　　　　　　　　　　(单位:kg)

原料	强力粉	薄力粉	猪油	冰水	细砂糖	盐
配比	40	60	65	30	3	2

制作方法如下:

① 将面粉过筛后与油一起放入搅拌器内,慢速搅拌至油的颗粒像黄豆大小。

② 糖、盐溶于冰水中,再加入搅拌均匀的面粉与混合物拌匀即可。

③ 将搅拌后的面团压成直径为10cm的圆柱体,用牛皮纸包好放入冰箱2h后使用。

④ 可做单皮水果派皮,也可做双皮水果派皮。

（2）苹果派馅　见表7-9。

表 7-9　苹果派馅配方　　　　　　　　　（单位：kg）

原料	果汁或水	细砂糖	玉米淀粉	苹果罐头	肉桂粉
配比	100	25	4	100	0.2

制作方法如下：

① 打开苹果罐头，过滤后滤液作为果汁用，如果不够，可加水补足。

② 将30%的果汁与10%的细砂糖一起煮沸。

③ 将玉米淀粉溶于10%的果汁中，慢慢加入煮沸的糖水中，不断搅动，煮至胶凝光亮。

④ 胶冻煮好后，加入15%的砂糖煮至溶化。苹果与肉桂粉拌匀后，再加入胶冻内拌匀，停止加热并冷却。

2. 制作方法

① 把苹果馅倒入底层生派皮中，边缘刷蛋液，表面放两三片奶油，上层皮上开一小口，铺在馅料上，把边缘接合处粘紧，在上层派皮表面刷蛋液，进炉210℃烤约30min。为了使底层派皮能熟透，可先把底层派皮进炉焙烤约10min，然后加馅料铺上上层派皮再进炉焙烤。

② 出炉后表面刷蛋液或奶油。

派是由派皮及馅两部分组成的一种甜点心，在各种西点中具有独特的风味。

第十节　小西饼加工技术

小西饼是西式糕点中制作很普遍的一类制品，品种较多，风味各异，具有酥、松、脆等特点。小西饼又有许多不同的名称，如小西点、甜点、干点等。小西饼是一种饼干，而又不同于一般的饼干，原料比较丰富，在成型时没有固定的花样、大小、形状，焙烤后也可以进行各种各样的装饰。

一、分类

小西饼可依照产品的性质和使用的原料不同以及成型操作的方法不同来分类。

1. 按产品的性质和使用原料分类

按产品的性质和使用原料可分为面糊类小西饼和乳沫类小西饼，面糊类小西饼所使用的原料主要为面粉、蛋、糖、油和膨松剂等，而乳沫类小西饼以蛋白和全蛋为主，并配以面粉和糖。面糊类小西饼以其成品的性质又可分为：①软性小西饼；②硬性小西饼；③酥硬性小西饼；④松酥性小西饼。乳沫类小西饼又可分为蛋白类和海绵类。

2. 按成型方法分类

按照成型方法可分为（类似于饼干成型分类）：①挤出成型类；②辊压成型类；③切割成型类；④条状或块状成型类。

多数面糊类小西饼使用糖油拌和法来调制面团（糊），也可用直接法来调制。小西饼的面团（糊）有扩展和不扩展之分，扩展性的装盘时面坯间距大，不扩展性的装盘时面坯间距小。焙烤小西饼应以中火175℃左右为好，焙烤时间约为8~10min左右，一般只用上火。焙烤后冷却至35℃左右包装。

二、生产实例

（一）软性小西饼

1. 配方

配方见表7-10。

表7-10　软性小西饼配方　　　　　　　　　　（单位：kg）

糕点种类＼原料	强力粉	薄力粉	全蛋	奶油	细砂糖	红糖	小苏打	其他
花生酱小西饼		100	30		57	57	25	盐2,花生酱70
核桃仁杏仁膏小西饼	100			160	160			杏仁膏100,碎核桃仁160,蛋白90
茴香小西饼	40	60	41		100			碳酸氢铵0.6,茴香粉5
巧克力碎糖小西饼	50	50	34	83	42	42	1	碎巧克力糖50

2. 制作方法

（1）面团调制　花生酱小西饼：红糖过筛与花生酱、细砂糖一起用桨状搅拌头中速搅打蓬松，加入鸡蛋继续中速搅打均匀，再加入过筛的面粉、盐、小苏打慢速搅拌均匀。

核桃仁杏仁膏小西饼：将杏仁膏和白砂糖用手揉匀，放入搅拌机内加入奶油和碎核桃仁，用桨状搅拌头中速搅匀，再加蛋白继续拌匀，最后加入过筛的面粉慢速拌匀。

茴香小西饼：将鸡蛋和糖在水浴上加热至42℃，搅打至干性发泡，面粉、碳酸氢铵、茴香粉一起过筛，慢慢加速拌匀。

巧克力碎糖小西饼：将红糖、细砂糖和奶油一起加入搅拌机内用桨状搅拌头中速搅打蓬松，蛋分两次加入拌匀，面粉与小苏打过筛后慢速加入拌匀，最后加入碎巧克力糖拌匀即可。

（2）成型、焙烤　使用平口嘴，将面糊放在挤花袋中，挤在擦油的平烤盘上，核桃仁杏仁膏小西饼表面刷蛋液，撒碎杏仁或碎核桃仁。炉温为177℃，上火烤

8～10min。

(二) 风味小西饼

1. 配方

配方见表7-11。

表 7-11　风味小西饼配方　　　　　　　　　　（单位：kg）

原料 糕点种类	薄力粉	人造奶油	奶油	鸡蛋	糖粉	红糖	小苏打	盐	其他
橘子小西饼	100	55		20	60			0.8	橘子汁22,皮1,香精0.2
花生小西饼	100	38	20	30		65	0.6	0.5	香精1,油炸花生20
菠萝小西饼	100	30	20	13	50		1	0.5	豆蔻粉0.3,碎核桃仁30,菠萝汁30

2. 制作方法

① 将人造奶油、奶油、糖粉、红糖、盐用桨状搅拌头中速搅打至蓬松，蛋分两次加入，加入后继续搅打拌匀。再加入橘子汁、橘皮、香精、香草香精、菠萝汁慢速拌匀，面粉、小苏打、豆蔻粉过筛后慢速加入拌匀。最后加入花生米、核桃仁等拌匀即可。

② 花生小西饼用汤匙把面糊舀放在擦油的平烤盘上，其他用挤袋平口挤花嘴挤在擦油的平烤盘上，进炉用177℃上火，烤约8～10min。

第十一节　米饼加工技术

米饼是一种以大米为原料，经浸泡、制粉、压坯成型、烘干、焙烤、调味等单元操作而加工制成的糕点。常用的米粉有糯米粉、粳米粉、籼米粉三种，由于米粉的性质不同，调制出面团的性质也不一样，有的黏实、有的松散。米粉面团根据其属性可分为糕类粉团、团类粉团和发酵类粉团，具有低脂肪、易消化、口感松脆等特点，深受人们喜爱。米饼是日式米果（大米糕点）的代表，它是日本江户时代（17世纪至19世纪）在我国"煎饼"制法的基础上，用米粉代替面粉，采用焙烤加工工艺制作而发展起来的一种日本传统糕点。近年来，我国市场上也出现了不少米饼，随着对米饼工艺和设备的不断改进，国内已能生产出适合消费者需要的高品质和花色品种较多的米饼。

1. 工艺流程（膨化米饼）

原料（糯米）→洗米→浸泡→脱水→粉碎→调粉→蒸制→冷却→压坯成型→干燥→静置→焙烤→调味→成品

2. 配方

配方见表7-12。

表 7-12　膨化米饼配方　　　　　　　　　　　（单位：kg）

原料	糯米粉	玉米淀粉	水	白砂糖	食盐	碳酸氢钠	花生仁	米香精
配比	100	20	35～40	15	3	0.5	3	0.3

3. 制作方法

（1）洗米、浸泡　将糯米用清水洗净，在室温下浸泡30min左右，让大米吸收一定水分便于粉碎。浸泡结束后，大米的含水量为28%左右。

（2）脱水、粉碎　将浸泡好的米放入离心机中脱水5～10min，脱除米粒表面的游离水，使米粒中的水分分布均匀。然后粉碎，米粉的粒度最好在100目以上。

（3）调粉　用水将白砂糖和食盐配制成溶液过滤后备用。先将玉米淀粉和糯米粉混合均匀，再加入调配好的溶液调制。

（4）蒸制、冷却　将调制好的米粉面团在90～120℃蒸2～5min，然后自然冷却1～2天或低温冷却24h，温度达0～10℃，让其硬化。因为蒸制后面团太黏，难以进行成型操作，冷却一段时间后，一部分淀粉回生，面团黏度降低，便于成型操作。

（5）压坯成型　成型前，面团需反复揉捏至无硬块和质地均匀，然后加入碳酸氢钠、米香精和花生仁，制成直径约10cm、厚约2.5～3cm、重约5～10g的饼坯。

（6）干燥、静置　饼坯由于水分含量偏高，直接烘烤表面结成硬皮，而内部仍过软，因此焙烤前应干燥。干燥的关键是控制干燥的温度、时间及确定干燥的终点，干燥终点一般为饼坯的水分含量为10%～15%。干燥后需将饼坯静置12～48h，使饼坯内部和表面水分分布均匀。

（7）焙烤、调味　将干燥、静置后的米饼坯放入烤箱烘烤，温度一般控制在200～260℃，烤至饼坯表面呈现金黄色。烤好后，如需调味，可在表面喷调味液，然后干燥为成品。

<h2 style="text-align:center">复 习 题</h2>

1. 酥层类糕点起酥的原理是什么？
2. 调制水油面团应注意哪些问题？
3. 调制油酥面团应注意哪些方面？
4. 简述大包酥、小包酥的方法及要求，各有什么特点？
5. 简述派生产技术。
6. 简述小西饼的分类及加工技术。
7. 简述米饼的生产技术。

参 考 文 献

[1] 刘钟栋，刘治汉. 新版糕点配方. 北京：中国轻工业出版社，2002.
[2] 贡汉坤. 焙烤食品工艺学. 北京：中国轻工业出版社，2001.
[3] 天津轻工业学院，无锡轻工业学院. 食品工艺学. 北京：中国轻工业出版社，1983.
[4] 张守文. 面包科学与加工工艺. 北京：中国轻工业出版社，1996.
[5] 吴孟. 面包饼干糕点工艺学. 北京：中国商业出版社，1992.
[6] 辛淑秀. 食品工艺学（中册）. 北京：中国轻工业出版社，1991.
[7] 刘宝家，李素梅，柳东等. 食品加工技术、工艺和配方大全. 北京：科学技术文献出版社，1995.
[8] 吕战. 广西糕点制作. 北京：中国食品出版社，1988.
[9] 张政衡，侯正余等. 中国糕点大全. 上海：上海科学技术出版社，1999.
[10] 王树亭. 西式糕点大观. 北京：中国旅游出版社，1986.
[11] 肖崇俊. 西式糕点制作新技术精选. 北京：中国轻工业出版社，2000.
[12] 上海市糖业烟酒公司. 糕点制作原理与工艺. 上海：上海科学技术出版社，1984.
[13] 张建幸. 装饰蛋糕集. 上海：上海科学普及出版社，1994.
[14] （澳）马格里格著. 花色蛋糕装饰教程. 才宇舟，孙福广译. 沈阳：辽宁科学技术出版社，1999.
[15] 陈芳烈，陶民强. 蛋糕制作工艺与基本理论. 食品工业，1997，(6)：16~18.